轻食素食

小煮意

梅依旧——

著

中国轻工业出版社

图书在版编目（CIP）数据

轻食素食小煮意 / 梅依旧著 . — 北京：中国轻工业
出版社，2021.9

ISBN 978-7-5184-3568-5

Ⅰ. ①轻… Ⅱ. ①梅… Ⅲ. ①素菜 – 菜谱 Ⅳ.
① TS972.123

中国版本图书馆 CIP 数据核字（2021）第 125595 号

责任编辑：关　冲　付　佳　　责任终审：高惠京　　整体设计：锋尚设计
策划编辑：翟　燕　付　佳　　责任校对：晋　洁　　责任监印：张京华

出版发行：中国轻工业出版社（北京东长安街6号，邮编：100740）

印　　刷：北京博海升彩色印刷有限公司

经　　销：各地新华书店

版　　次：2021年9月第1版第1次印刷

开　　本：710×1000　1/16　印张：12

字　　数：200千字

书　　号：ISBN 978-7-5184-3568-5　定价：49.80元

邮购电话：010-65241695

发行电话：010-85119835　传真：85113293

网　　址：http://www.chlip.com.cn

Email：club@chlip.com.cn

如发现图书残缺请与我社邮购联系调换

210033S1X101ZBW

曾经的记忆中，吃素多是从外婆那里得知，外婆最爱拜佛，每月初一、十五是要吃素的，那时，我也要跟着吃素。这也是很多人对素食的第一印象。

素菜可分为：寺院素菜、宫廷素菜、民间素菜三种。佛门弟子吃素，在于戒杀护生，而后养成大慈大悲的佛性。宫廷素菜，是皇帝在祭祀先人或遇重大事件时食素，使心地纯一诚敬。民间素菜不是一种戒律，只是在朴素的菜品中寻求清淡质朴，健康的生活方式罢了。

素食是植物性饮食，包括五谷杂粮、豆类及其制品、种子、坚果、蔬菜、水果、菌藻等。

五谷杂粮中除米面外可多选用燕麦、荞麦等，日常可用全麦面包、胚芽面包、糙米饭等代替部分白米饭、精制面食。

豆类及其制品是替代肉制品的绝佳选择。黄豆、黑豆或豆腐等豆类加工品中含丰富的蛋白质，可补充因未进食肉类而缺乏的部分营养，且多吃豆类无胆固醇过高之忧。

蔬果要多样化，如红苋菜、番茄、猕猴桃、葡萄等不仅富含维生素 C，还含有多种植物化学物。

菌藻富含 B 族维生素和矿物质，前者参与蛋白质、脂肪、碳水化合物的代谢。对于素食者来说，往往容易缺乏维生素 B_{12}，食用菌藻类食物是补充维生素 B_{12} 很好的途径。

以上这些食物确保了人体足够的、必需的营养素：蛋白质、脂肪、碳水化合物、矿物质、维生素、膳食纤维等。素食的烹调方法也很关键，要避免过油、过甜、过咸的烹调习惯。由于少了肉类，不少人在烹煮时，往往不自觉地加入过量的油、糖、盐，以增加食物的味道，这样做不仅对健康无益，也让营养失衡。至于其他调味品，也是少用为妙。

如果想达到养生的目的，一天至少要摄取5份蔬果：蔬菜3份，水果2份。每份蔬果约100克，其中包含一种深绿色或深黄色蔬菜。上限一般是蔬菜每天食用500克，水果350克。如今，人们崇尚简单素淡的生活方式，而对素食的追求更多的是一种健康的饮食方式、一种生活状态的取向，更深层次的是关注自己的健康与生活。

Contents
目录

Part 1
清爽凉拌

Part 2

营养热炒

叶菜

Part 3

素餐主食

Part 4
温润汤羹

Part 5
轻食沙拉

说明：本书中的"素食"，不是纯素，是蛋奶素。纯素的朋友可根据个人情况选择适合自己的菜品。

素菜烹饪小妙招

● 蔬果的颜色与营养

　　绿、红、黄、白、黑五种大家熟知的颜色，各入不同的脏腑，各有不同的作用。

　　红色主心，有番茄、红尖椒、红苋菜等，能提高食欲并刺激神经系统的兴奋性。

　　绿色主肝，有西蓝花、芦笋、苦瓜、芥蓝、莴笋、荷兰豆、茼蒿、猕猴桃等，都含有丰富的维生素及矿物质，有益肝脏。

　　黄色主脾，有胡萝卜、南瓜、柠檬等，富含胡萝卜素、维生素C，能减少皮肤色斑，延缓衰老，对脾、胰等脏器有益。

　　黑色主肾，有海带、香菇、木耳、桑葚等，能刺激人的内分泌和造血系统。

　　白色主肺，有茭白、莲藕、竹笋、白萝卜、梨等，对稳定情绪、润肺养心有一定作用。

● 蔬果的保鲜法

　　保鲜袋保鲜适用于番茄、茄子、苹果等。将番茄、茄子、苹果等放入保鲜袋中，扎紧袋口，放在阴凉处。每天打开袋口换气5分钟，如果有水珠凝结，用干净的毛巾擦干，再扎紧袋口。可以保鲜十几天。

　　包裹法保鲜适用于菠菜、莜麦菜等叶类蔬菜。蔬菜不需水洗，只需在叶片上喷少许清水，然后用纸包起来，根部朝下放入冰箱冷藏室，可有效延长保存时间，留住新鲜。

　　水培法保鲜适用于芹菜、韭菜、茼蒿、香草等。将菜择去黄叶，用细绳在中间松松地扎起来，盆中放入适量清水，把菜根部浸入水中，可以保持三四天的新鲜。

● 蔬菜，生吃好还是熟吃好

　　西餐中，生吃蔬菜比较多见，如洋葱、芹菜、甜椒都可以生吃。因为蔬菜中所含的维生素C和一些生理活性物质很容易在烹调中受到破坏，生吃蔬菜可以最大限度地获得其营养价值。

　　生吃蔬菜和熟吃蔬菜各有长处，如果能够将生食与熟食有机地结合起来，就可以取长补短。

　　适宜生吃的蔬菜有胡萝卜、黄瓜、柿子椒、生菜、洋葱、芹菜等。生吃的方法包括饮用自制的新鲜蔬菜汁，或将新鲜蔬菜凉拌。凡是能生吃的蔬菜，最好生吃；不能生吃的蔬菜，也不要烹煮得太烂，以尽量减少营养损失。

● 素菜不吃盐，怎样做到减盐不减味

　　1. 烹调时多用醋、柠檬汁等酸味调味

汁，替代一部分盐和酱油。另外，最后放盐，既可以改善食物口感，又可以保持味道鲜美。

2．多吃有味道的菜，如洋葱、番茄、柿子椒、胡萝卜等食物，用食物本身的味道来提升菜的口感。多采用蒸、烤（烤箱）、煮等烹调方式，享受食物天然的味道，少放盐。对于放了盐的汤菜，避免喝菜汤。

3．用酱油等调味品时，用点、蘸的方式，而不是一次性将酱油倒进菜里面。每6克酱油所含的钠离子等于1克盐中钠离子的量。

4．不需要在所有的菜里都放盐，最后一道汤可以少放甚至不放盐。因为人口腔里的咸味是可以累积的，人们在吃其他菜的时候，在口腔里已经留下咸味，所以汤可以清淡些。

● **蔬菜的洗切原则**

蔬菜类均含有丰富的维生素和矿物质，对人体有益。而这些维生素和矿物质中有部分极易溶解于水，因此，洗切蔬菜的重要原则要记牢。

1．烹煮前再洗蔬菜，要先洗后切。有些人习惯先切后洗，这样会加速营养素的氧化和可溶物质的流失，从而降低蔬菜的营养价值。

2．蔬菜不要浸洗过久，以免蔬菜中的维生素溶于水中。用淡盐水洗净蔬菜，有助于除去菜虫。

3．尽量避免把蔬菜切细丝、切碎或磨碎，以免维生素大量流失。

● **蔬菜焯水需要注意的要点**

蔬菜焯水的作用：使蔬菜色泽鲜艳，质脆嫩。叶类菜若直接炒熟，易失去鲜绿色泽，若先用焯水方法处理至嫩熟，则色泽鲜艳，并能除去苦涩味和草酸等。

蔬菜焯水的方法：焯蔬菜时，水中加少许盐，可减少蔬菜内可溶性营养成分的流失。

在蔬菜投入沸水之前加盐，在投入之后加油，可以让蔬菜色泽更加鲜艳，还能保持蔬菜的营养。

蔬菜焯水时要采用多水量、短时间的处理方法，这样可减少维生素C因热氧化而造成的损失。

焯水前尽可能保持蔬菜的完整形态，使受热和接触水的面积减少。在原料较多的情况下，应分批投料，以保证原料处于较高水温中。

● **鲜香菇和干香菇的使用**

菇类是常使用的素食食材。干香菇与鲜香菇虽然都是香菇，但味道有所不同，各有千秋。

干香菇是新鲜香菇经过脱水而成，其中所含有的香味成分浓度增加了，会散发出一种特别的味道，口感方面干香菇比较有韧劲。

一般炒菜用鲜香菇比较好，而煲汤炖煮则用干香菇，汤味更鲜、更浓。

菇类在温室种植，没有喷洒农药，鲜香菇只需要用流水冲洗干净表面的杂屑就可以了，不要浸泡，以免流失本身的香气及营养。

● 木耳快速泡发变软的方法

泡发木耳要很长时间，其实有办法缩短泡发时间，可以用温水泡发，然后加入盐，浸泡半小时就可以让木耳快速变软。

还可以将木耳放入较大的容器中，然后加入适量水，水多一点儿也可以，盖上盖，放入微波炉中高火4分钟，取出即是泡发好的木耳了。

● 炒青菜时保存营养的烹调方式

1. 菜买回家不要马上整理。整理以后，营养容易流失，使菜的品质下降。

2. 炒菜要用热锅，急火快炒，这样可以最大限度地保留食物的营养素。炒好的菜要马上吃，放置时间长了维生素会损失。

3. 炒菜时不宜加入过多的水，蔬菜中的维生素会流失。

4. 勾芡可减少维生素的氧化损失，并减少水溶性营养素的流失。

5. 加醋后食物中的钙质会被溶解，有助于人体吸收钙。

● 炒蔬菜如何保持鲜嫩翠绿

破坏叶绿素的是蔬菜在加热中所产生的氧化酶，它易于和空气中的氧结合而破坏叶绿素，使叶类蔬菜变成黄色。

氧化酶有两个特性：一是需要适宜温度。在30℃以下其活力较小，破坏性较弱，高于80℃就不起作用了，30~80℃时活力最强，破坏性最强；二是需要氧气。隔绝空气，氧化酶就不能发生作用了。

所以，加热蔬菜时需要用大火，水量多而沸腾，放入蔬菜后迅速升温至80℃以上，熟后捞出，抖撒放凉，必要时可滴上几滴香油，以隔绝空气。炒、炝蔬菜时应使用大火，油温要高一点儿，油量要满足菜肴的需要，成菜迅速，食用及时。

● 炒蔬菜放各种调料的最佳时间

盐要晚放，那糖、醋、料酒等调料应该什么时候放入，才能做到美味与营养兼得呢？

糖可提高菜肴甜味，抑制酸味，缓和辣味，应先放糖，后放盐。

料酒在整个烧菜过程中锅内温度最高时加入，腥味物质能被乙醇溶解并一起挥发掉。

醋不仅能祛膻、除腥、解腻、增香，软化蔬菜纤维，还能避免高温对原料中维生素的破坏，做菜放醋的最佳时间在"两头"。入锅后马上加醋，既可保护原料中的维生素，又能软化蔬菜中的纤维；菜肴出锅前再加一次，可解腻、增香、调味。

酱油可增加食物的香味，并使其色泽更加诱人，烹调时后放酱油，这样酱油中的氨基酸等营养成分能够有效保留。

味精能提鲜，当受热到120℃以上时，不仅没有鲜味，还有毒性。因此一定要在菜起锅之后放。需要注意的是，有些带鲜味的食物没有必要加味精，如蘑菇、海带等。

● 做汤如何不破坏蔬菜里的维生素

蔬菜一经加热，一部分维生素就会被破坏掉，要想减少维生素的流失，做蔬菜汤时，一定要等水烧开后再放，放入蔬菜后可倒入一些米汤，让米汤包裹住青菜。如果需要勾芡的汤，也可以用米汤来替代水淀粉，无须再加水淀粉，米汤有保护蔬菜中维生素的作用。

● 给素食添滋味的几个方法

在中国的美食体系里，有"味"是灵魂之说。那咸鲜、酸甜、麻辣等调料，或辛辣，或清爽，或凛冽，皆可让素食更加味厚而醇香。

去味：很多蔬菜有涩味，如菠菜、茭白、竹荪、小白菜、蘑菇等。因其草酸含量高，用简单的焯烫方法即可去除蔬菜中大部分草酸。

遮味：有的蔬菜有非常重的辛辣、苦、异味。如尖椒、苦瓜、鱼腥草等，可以少放一点儿糖，因为糖有"和味"的作用，它会让菜肴滋味非常丰满，而且营养损失更少。

借味：素菜素而乏味，可以用一些味道特殊的食物或调料来"借味"。比如，可搭配香菇做菜，也可以用一些调料，如豆豉、蒜蓉、剁椒、豆瓣酱、黄酱、虾酱等，它们可以赋予素菜非常浓郁的滋味和鲜香味。

Part 1

清爽凉拌

叶菜
×

高纤　高铁

"老北京牌"的乾隆白菜，光这名字就自带皇城根的光环，据说乾隆微服私访时，曾在一家不起眼的小馆子里面吃到，吃完以后对这道菜评价很高。

不过，名字归名字，这做法、这口感还真不一般，起初以为就是芝麻酱拌白菜，结果不是。冬日里的黄心大白菜，取里面的嫩叶，拌上香味浓郁的复合酱汁，被它的酸甜鲜香惊艳到了，入口清甜脆爽、唇齿留香。

材料 |
大白菜嫩叶300克。

调料 |
芝麻酱、白糖各25克，镇江香醋15克，生抽10克，盐2克，香油、蜂蜜各5克。

装饰 |
香椿苗3克。

做法 |

1 这道菜只用白菜嫩叶，一定要选青叶黄心的嫩白菜，洗净的白菜叶最好用冰水浸一下，口感才够脆，洗净后控干水分。

2 芝麻酱、白糖放入调料碗中，白糖和芝麻酱比例1∶1（不要怀疑，好吃）。

3 调入镇江香醋，香醋的量是白糖的一半，加生抽，盐少放或不放。

4 调入香油、蜂蜜，加一点点凉白开充分拌匀。

5 调好的酱汁不能太稀，用勺子挑起来不滴落，然后放入冰箱冷藏30分钟。

6 将酱汁放入白菜叶中，充分拌匀，让每片菜叶都裹上酱汁，即可装盘，装饰上洗净的香椿苗（也可不用）。

厨房小语

调酱汁时要最后加水，可以掌握稀稠度，所有调料搅拌好后，味道没问题再倒入白菜叶中。

油醋大拌菜

减糖 高纤

大拌菜，味道浓郁的菜肴，选材可以自由发挥，颜色艳丽的蔬果都可以参与凉拌。有着平易近人的态度、不过分油腻的口感，还给人一种轻料理的感觉。

材料 |

大白菜、胡萝卜、葱白各30克，黄瓜1根，豆腐皮50克，粉丝40克。

调料 |

盐2克，醋15克，生抽10克，白糖5克，香油适量。

做法 |

1 黄瓜、大白菜、胡萝卜分别洗净，切丝。

2 豆腐皮洗净，切丝。

3 葱白洗净，切细丝。

4 粉丝用温水浸泡15分钟。

5 豆腐皮用开水烫1分钟。

6 粉丝放入开水中烫1分钟。

厨房小语

这道菜有两种口味：一种酸甜，另一种是芝麻酱香。以上做法为酸甜口味，如想吃后一种口味，可在调料中加入芝麻酱，不放白糖和醋即可。

7 白菜丝、黄瓜丝、胡萝卜丝、豆腐皮丝、葱白丝、粉丝放入碗中。

8 盐、醋、生抽、白糖、香油调入小碗中拌匀制成味汁。

9 将调好的味汁倒入菜中，拌匀即可。

椒香包菜

低脂 高纤

材料|
圆白菜（包菜）400克。

调料|
干辣椒段10克，花椒3克，
盐2克，生抽8克，白糖
5克。

椒香包菜的调味料是
一勺花椒油，花椒油具有
花椒特有的醇厚香气和
麻味。

做花椒油时需要注
意的是：先将油加温至
100℃左右，这时的油没
有生油味，然后关火，等
油温降至80℃左右时，先
少放进去几段葱，看看油
中的葱段是否会立即变
焦，如变黑色表示油温过
高，如色正常可以将花椒
全部放进锅里。

花椒慢慢炸出香味，
放凉后倒入瓶中，可以拌
凉菜或面条等。

厨房小语

花椒油味道的
浓淡，来自花
椒的多少，若
是想让花椒油
特别一点，可以
放进一些麻椒
和花椒一起炸。

做法|

1 圆白菜洗净，用手撕成小片。

2 锅中清水烧开，放入圆白菜片，焯半
分钟捞出，沥干水分。

3 另起油锅，放入适量油，油热后关
火，放入花椒、干辣椒段炸香。

4 焯好的圆白菜片放入大碗中，放入
盐、生抽、白糖。倒入炸好的椒油，
拌匀即可。

苦菊百叶卷

高纤　高蛋白

材料 |
苦菊2棵，百叶（豆腐皮）1张。

调料 |
盐少许，豆瓣酱适量。

　　自古以来，苦菊就被医家认为是药食两用的植物。它有清热解毒、凉血止痢等功效。

　　苦菊就是这样一味好菜蔬，颜色碧绿，可炒食可凉拌，是清热去火的佳品。但是，苦菊性寒凉，脾胃虚弱者不宜多吃。

　　苦菊百叶卷，做法真的很简单，就那么一卷，就将健康全部卷起来，味道甘中略带苦味，让人慢慢领略无穷滋味。

做法 |

1 苦菊洗净，放入淡盐水中浸泡10分钟。

2 百叶洗净，切成方片，大小随自己的喜好。

3 锅中放入清水，烧开后放入百叶片焯烫后捞出，沥干水分。

4 百叶上放适量苦菊，卷起。

5 放入盘中。

6 豆瓣酱放入调料碟中，随百叶卷上桌即可。

酸辣翡翠卷

低脂 高纤

酸辣翡翠卷中碧绿的白菜叶把黄瓜、胡萝卜、香菇卷起来，从食材到美食的过程，有着另一种美。

材料 |
白菜叶5片，鲜香菇1朵，胡萝卜50克，黄瓜1根。

调料 |
生抽、蚝油、苹果醋各10克，辣椒油5克。

做法 |

1 白菜叶洗净。

2 香菇、胡萝卜洗净，切丝。

3 黄瓜洗净，切丝。

4 锅中放水，把洗干净的白菜叶放入焯水，捞出马上放入凉水中。

5 香菇丝、胡萝卜丝放入锅中焯熟，捞出后沥干水分。

6 取一片白菜叶，放上香菇丝、胡萝卜丝、黄瓜丝，轻轻卷起。

7 白菜卷放入盘中，调入生抽、蚝油、苹果醋、辣椒油即可食用。

麻酱莜麦菜

高钙 高纤

材料 |
莜麦菜300克。

调料 |
芝麻酱20克，盐2克，鸡精适量。

莜麦菜质地脆嫩，有"凤尾"之称，口感极为鲜嫩清香，以生食为主，可以凉拌，也可蘸各种调料，是生吃蔬菜中的"尖子生"。它的营养价值略高于生菜，具有降胆固醇、清肺润燥、改善睡眠等功效，是一种低热量、高营养的蔬菜。

做法 |

1 莜麦菜洗净，浸淡盐水后，沥干。

2 芝麻酱用凉白开调稀，加盐、鸡精调匀备用。

3 莜麦菜切成小段，放在盘中。

4 将调好的芝麻酱浇在莜麦菜上，拌匀即可。

凉拌香菜

低脂 高纤

材料 |
香菜150克，红尖椒1个。

调料 |
盐2克，姜丝5克，香油、醋各适量。

香菜具有健脾调中，提升胃气的功效，加之香菜辛香升散，能促进胃肠蠕动，具有开胃醒脾的作用。这道凉拌香菜适合食欲不振、脾胃不和者食用。

做法 |

1 香菜洗净，去根，捞出沥干。

2 红尖椒洗净，切成圈。

3 香油、醋、盐放入小碗中调匀制成味汁。

4 香菜切段后放入碗中，加入红尖椒圈、姜丝，倒入味汁拌匀，静置入味即可。

蒜泥拌茼蒿

低脂 高纤

材料 |
茼蒿400克，面粉100克。

调料 |
蒜泥30克，蚝油、生抽各10
克，香油适量。

茼蒿食用部分为嫩茎叶，其味道清香，脆嫩可口，有养心安神、降压健脑等功效。

很多人是先将蒜瓣拍碎，再切成碎末，这样也可以，只是如此做出的蒜泥，蒜香不是很浓郁。蒜去皮，加少许盐捣成泥，捣好蒜泥，静置15分钟以上，蒜中的蒜素才可发挥作用。然后，加入生抽、醋和香油调成汁，蒜泥的香气便出来了。

厨房小语

不喜欢蒜味的，用芝麻酱拌也不错。

做法 |

1 茼蒿洗净，晾干水分。

2 将之切成大段放入碗中，加入面粉拌匀，保证每段上都裹匀面粉。

3 笼屉放上半干的笼布，放入拌好的茼蒿段。

4 锅内放适量水，烧至水滚，大火蒸五六分钟。蒜泥、蚝油、生抽、香油调成味汁，倒入茼蒿中，吃时拌匀即可。

粉皮时蔬卷

高纤 补能

材料 |
鲜粉皮1张，紫甘蓝150克，胡萝卜50克，香菜2根。

调料 |
芝麻酱20克，生抽、醋各10克，蚝油5克。

膳食均衡是轻食的一个重要前提。

蔬菜卷清淡、低热量、不加重身体负担，简单易做，在家里也可自己动手烹制。

做法 |

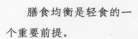 1
 2
 3
 4
 5

1 胡萝卜、紫甘蓝分别洗净，切丝；香菜择洗干净，切段；粉皮洗净。

2 将鲜粉皮切成宽条。

3 将三种蔬菜丝放在粉皮中，卷成卷状。

4 芝麻酱加生抽、醋、蚝油、少许凉白开调成味汁。

5 将蔬菜卷放入盘中，淋上味汁即可食用。

厨房小语

1. 没有鲜粉皮，可用干粉皮泡开制作。
2. 蔬菜和味汁可依据自己的喜好搭配。

瓜茄

蓑衣黄瓜
减糖 低脂

精致味浓的夏季凉菜，在造型上就先声夺人，清淡爽口，酸甜稍辣，做起来其实并不复杂，只需要耐心。

如果是新手，切蓑衣黄瓜时在黄瓜底下放两根筷子，这样切的时候就不容易切断了。再补充一句，黄瓜尽量买直一些的，用西餐刀比较好掌握力度。

材料｜
黄瓜1根，小米椒2个。

调料｜
盐2克，醋、鲜贝露汁、花椒油各10克，白糖、香油各5克。

做法｜

1 黄瓜洗净，在黄瓜的两侧垫两根筷子，均匀地切片，片切得越薄，蓑衣黄瓜会拉得越长。

2 用手将切好的黄瓜翻面，原来切好的那面朝下，再将另一侧切成薄片。

3 用手轻轻一拉，完美的"蓑衣"就切好了。

4 切好的蓑衣黄瓜放入盆内，撒上切片的小米椒，加少许盐进行腌制。

5 醋、鲜贝露汁、白糖、花椒油、香油调入小碗中制成味汁，把黄瓜中的水分挤出，倒入味汁即可。

老虎菜

让人百吃不厌的菜味道总有个特点，就是简单不复杂，平淡不平庸。老虎菜味道香辣，清爽利口，且可促进食欲、帮助消化。

材料 |
尖椒、黄瓜各100克，
香菜、大葱各50克。

调料 |
香油10克，酱油5克，
盐3克。

做法 |

1 尖椒、黄瓜分别洗净，切成丝。

2 大葱洗净切丝，香菜洗净切成段。

3 先将尖椒丝、黄瓜丝用盐腌2分钟。

4 再加入葱丝、香菜段。

5 香油、酱油、盐放入碗中调匀制成味汁。

6 将味汁倒入碗中拌匀即可。

炝拌苦瓜

减糖 低脂

材料 |
苦瓜1根。

调料 |
花椒3克，干辣椒丝5克，
生抽10克，盐2克，香油
适量。

在日本，苦瓜被认为
是长寿食物，推崇吃法有
苦瓜茶和苦瓜汁。

研究证明苦瓜含有一
种生物碱类物质奎宁，有
利尿活血、消炎退热的功
效。另外，苦瓜还含有一
种能激活免疫细胞的活性
蛋白，有抑癌作用。

做法 |

1 将苦瓜洗净，去掉瓜瓤和子，斜切成薄片。

2 锅中倒入适量清水，大火烧开后放入苦瓜片和盐，焯烫片
刻后捞出，立即用凉水过凉，捞出放入碗中。

3 生抽、香油调匀倒入碗中。

4 锅中油烧热，放入花椒煸香，再放入干辣椒丝，迅速将油
淋在苦瓜上即可。

糖拌番茄

[低脂]

材料 |
番茄1个。

调料 |
白糖适量。

    酸酸甜甜的糖拌番茄，在过去那个水果稀少的年代里意味着什么？是炎炎夏日里幸福的满足，清凉的惊喜，餐桌上的一抹风景。

做法 |

1　番茄洗净，顶端切十字口。

2　把番茄放入沸水中烫一下，剥去皮。

3　切成橘瓣形，放入碗中。

4　撒上白糖拌匀即可。

擂椒茄子

减糖 低脂

擂椒茄子，是在湖南、四川、贵州等地都很盛行的民间菜，擂是捶、捣碎的意思。

擂椒茄子是用蒸的方法，蒸茄子可以最大限度地保留茄子里面所含的营养。这道菜的关键是擂椒酱，也就是把青尖椒、红尖椒、大蒜捣成泥，或者把三者放入茄子中一起捣烂。

材料 |
长茄子1根，红尖椒2个，青尖椒3个，大蒜4瓣。

调料 |
盐、花椒各2克，白糖3克，蒸鱼豉油10克，蚝油5克，橄榄油、香菜段各适量。

做法 |

1 青尖椒、红尖椒洗净，去蒂，切片；大蒜去皮，拍破。

2 茄子洗净去蒂，交叉切片，不要切断。

3 蒸锅倒水烧开，将茄子放入蒸锅蒸20分钟。

4 青尖椒、红尖椒和大蒜一同放入蒜臼子中，放入少许盐，捣成泥，加入蒸鱼豉油、盐、白糖、蚝油。

5 锅中倒入橄榄油、花椒，小火炸至花椒出香味、呈深棕色，将油趁热隔筛网倒入辣椒泥中，搅匀即成擂椒酱。

6 茄子蒸好后取出，沥掉茄子盘中的汤，将茄子放凉，将擂椒酱倒入茄子中，撒香菜段即可。

厨房小语

这道菜的关键是擂椒酱，也就是把青尖椒、红尖椒、大蒜捣成泥状。

日式拌秋葵

減糖 高纤

材料 |
秋葵300克，木鱼花5克。

调料 |
日式酱油（生抽）10克，
醋、白糖各5克。

秋葵是一种常见的绿色营养保健蔬菜，口感嫩滑，很多人都喜欢吃，秋葵中含有丰富的维生素、蛋白质、膳食纤维等营养成分，经常食用有健胃肠的功效。

做法 |

1 秋葵去根部，放入盆内，加适量盐，一根一根将秋葵表面的茸毛揉搓掉，再用清水反复清洗。

2 秋葵下开水锅，焯2分钟使其断生，捞出过凉。

3 切成小段后放入碗中，加入日式酱油、醋、白糖。

4 撒上木鱼花拌匀即可。

厨房小语

木鱼花是由深海鲣鱼加工而成的，把经过多次烘烤干燥的鲣鱼削成薄片，就是木鱼花，是日餐中不可缺少的配料，也是天然的调味品，营养丰富。

根茎
×
糖醋莴笋

低脂

材料 |
莴笋450克。

调料 |
白糖、白醋各10克，盐2克。

莴笋含有多种维生素和矿物质，能调节神经系统功能，有镇静和催眠的作用。

莴笋茎肉质嫩，可生食、凉拌、炒食、干制或腌渍。

做法 |

1 将莴笋去皮及筋，洗净，切成片。

2 锅中放入适量清水，烧开后放入莴笋片，焯30秒捞出，沥干水分。

3 白糖用少许凉白开化开，放入白醋、盐制成糖醋汁。

4 糖醋汁倒入盛莴笋片的碗中，拌匀，腌2小时即可（可用红尖椒装饰）。

厨房小语

糖醋汁的比例可依自己口味来调。

葱油茭白

减糖 高纤

材料 |
茭白2根，红尖椒、柿子椒
各1个。

调料 |
盐3克，香葱末30克，香油
5克，鸡精适量。

　　茭白是我国的特产蔬
菜，与莼菜、鲈鱼并称为
"江南三大名菜"。
　　茭白被誉为"水中
参"，其质鲜嫩，味甘。

做法 |

1 茭白去皮洗净，切丝。

2 红尖椒、柿子椒均洗净，去子，切丝。

3 茭白丝放入锅中，焯水捞出，沥干
　水分。

4 锅中放入植物油、香油烧热，放入香
　葱末炸成葱油。

5 茭白丝、红尖椒丝、柿子椒丝放入大碗
　中，先倒入葱油，再调入盐、鸡精拌匀
　即可。

厨房小语

葱油不要炸过了，出香味
即可。

双味山药

高纤 补能

材料｜
山药400克。

调料｜
蓝莓酱、糖桂花各适量。

双味山药是一道甜点般的凉菜，说它是凉菜却更像餐前甜点，吃起来酸甜可口，老少皆宜。

山药能补脾气、益胃阴，有强筋骨、长肌肉、延年益寿的功效。用蒸制的方法能更好地保留山药的营养。淋入蓝莓酱、糖桂花，使这道经典的凉菜美味又养生。咬一口真是软糯清爽、满口留香。

做法｜

1 蓝莓酱加少许凉白开调开。

2 山药去皮，洗净，切片。

3 锅中放入清水烧开，放入山药片煮熟。

4 将山药捞出，放凉，淋蓝莓酱和糖桂花，放入冰箱冷藏一下更爽口。

厨房小语

玫瑰酱、巧克力酱、各种果酱和蜂蜜均可用来调味。

糖渍樱桃萝卜

低脂 高纤

糖渍樱桃萝卜，酸甜适口，开胃促食。

漂亮的造型如花朵般绽放，是宴请宾客时艳惊四座的美味佳肴。

材料 |
樱桃萝卜400克。

调料 |
白糖30克，白醋25克。

做法 |

  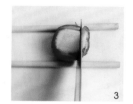

1 樱桃萝卜洗净，切去两端。

2 用蓑衣刀法切成片，放两根筷子在下面垫着，竖切薄片，别切断。

3 然后转过来，下面放两根筷子，把薄片切成丝状。

4 将白糖、白醋调成味汁。

5 味汁倒入萝卜中，放进冰箱冷藏半小时即可。

凉拌土豆丝

高纤 补能

酸香爽口是凉拌土豆丝的主要特色。

土豆含有丰富的钾和维生素C，还含有对人体有特殊保护作用的黏液蛋白，被誉为人类的"第二面包"。

材料|
土豆、小米椒各1个，香菜1棵。

调料|
白醋15克，盐2克，辣椒油5克，香油适量。

做法|

1 土豆去皮，刨成细丝。

2 小米椒、香菜分别洗净，切段。

3 锅中加水烧开，放入土豆丝，焯熟即捞出。

4 将土豆丝过凉，沥去水分，加小米椒段、香菜段，放入白醋、盐。

5 调入香油、辣椒油拌匀，装盘即可。

西芹花生藕丁

高纤 补能

这道菜非常简单。只是在煮花生米时加了一个茶包，带了些茶香。只要你有拍黄瓜的厨艺，就能做好这道菜。它虽然平淡，却让人齿颊生香。

材料 |
花生米、藕各200克，西芹100克。

调料 |
茶叶3克，甘草、陈皮、花椒各2克，大料1个，桂皮1小块，香叶2片，盐3克，花椒油10克，鸡精、香油各适量。

做法 |

1 花生米用冷水泡4小时。

2 藕去皮，洗净，切丁；西芹择洗干净，切丁。

3 花椒、大料、桂皮、香叶、甘草、陈皮放入调料盒中，茶叶放入茶包中。

4 锅中倒水，放入花生米，然后放入茶包和调料包，大火烧开，调小火煮20~30分钟至花生米熟。

5 将煮好的花生米连汤一起倒入大碗中，泡1小时。

6 锅中加水，放入藕丁、西芹丁，焯水。

7 将焯过水的藕丁、西芹丁和煮过的花生米倒入碗中，放入盐、花椒油、鸡精、香油调味即可。

厨房小语

煮好的花生米在汤汁中多浸泡一会儿更入味。

水煮洋蓟

低脂 高纤

洋蓟又名朝鲜蓟，其实洋蓟是一朵没开放的花，是一种非常古老的食用蔬菜，据说和向日葵是亲戚。洋蓟素有"蔬菜之皇"的美誉，营养价值很高。虽然洋蓟看着挺大一朵花，可食用部分只有叶片底部软嫩的部分和中心的洋蓟芯，煮熟蘸着不同的蘸料吃，口感接近于嫩笋，有一股很特别的清香。

材料 |
洋蓟、柠檬各2个。

调料 |
白葡萄酒醋20克，橄榄油3克，盐适量。

做法 |

1

2

3

4

5

6

厨房小语

1. 切过的洋蓟容易氧化，如果不能立刻烹饪，可用柠檬擦一下切面。
2. 洋蓟中心的毛一定要彻底挖干净，否则食入后会让喉咙非常难受。

1 洋蓟洗净，撕掉底部最外侧老硬的叶子，切去长茎部。

2 用剪刀将叶片上尖刺的部分剪去，用刨刀刨去茎部的外皮，切去头部1~2厘米的部分。

3 柠檬切片，将柠檬片和处理好的洋蓟一起放入深锅中，洋蓟切口朝下。加水，没过洋蓟一半，水里加点盐，盖盖，中火煮30~40分钟。

4 白葡萄酒醋、橄榄油放入调料碗中，挤上几滴柠檬汁。

5 洋蓟煮好后（煮好的标准是每个花瓣可以轻松脱落）将其叶片撕下来，里面的叶子可以整片吃。底部蘸一点料汁，找准内侧柔软部分开吃。

6 用小勺把这些絮状物彻底挖除干净后，留下一个像蛋挞一样的芯。这是洋蓟的精华部分，非常好吃。

蘸水儿菜

低脂 高纤

材料 |
儿菜（抱子芥）400克。

调料 |
白糖、盐各2克，生抽5克，醋、蚝油各10克，辣椒油6克。

儿菜学名抱子芥，是芥菜的一种。儿菜具有芥菜的清香，口感却要好很多，甘甜而不带苦味，嚼在嘴里，肉脆少筋，不带残渣。外叶碧绿，内心洁白，切成薄片，绿白相间，炒菜时，用些红尖椒点缀，更是讨喜。

很多地方都流行"蘸水"，就是由多种调料调制而成的酱汁，用来蘸菜吃。

做法 |

1

2

3

1 儿菜洗净，切片。

2 锅中放入水烧沸，倒入儿菜片，放入几滴油、盐和白糖，煮2分钟捞出。

3 用一点煮菜的水与生抽、醋、蚝油、辣椒油调成蘸水，同儿菜片一同上桌蘸食即可。

凉拌魔芋

减糖 高纤

材料 |
魔芋豆腐300克，黄瓜、香菜各1根，青尖椒、小米椒各1个。

调料 |
香油、蚝油、白糖各5克，生抽10克，盐、红油各3克。

　　魔芋富含膳食纤维，且热量低，有很好的促消化作用，可帮助减肥。

做法 |

 1
 2
 3
 4
 5

1 魔芋豆腐洗净，切条。

2 将魔芋条放入沸水锅中焯一下（不宜久煮，焯烫2分钟即可）。

3 青尖椒、小米椒、黄瓜、香菜洗净，切成丝。

4 香油、生抽、蚝油、盐、红油、白糖放入碗中调成料汁。

5 魔芋条捞入碗中，放入青尖椒、小米椒、黄瓜、香菜，倒入料汁拌匀即可。

菌藻
×

洋葱拌木耳

减糖 高纤

洋葱虽是一种很普通的家常菜，营养价值却很高，含有的前列腺素A可提神醒脑、缓解压力。此外，洋葱低脂、高钾，有助于调节血压。

材料 |
干木耳10克，洋葱、小米椒各1个，香菜1棵。

调料 |
凉拌酱油15克，辣椒油、醋各10克，盐1克，白糖5克，香油适量。

厨房小语

料汁可依据自己的口味来调。

做法 |

1 洋葱去外皮，洗净后切小片。

2 干木耳用温水浸泡，泡发后洗净。

3 小米椒、香菜分别洗净，切段。

4 将泡好的木耳焯水，捞出过凉，沥干水分。

5 凉拌酱油、醋、盐、白糖、香油调入小碗中，再放入辣椒油拌匀制成味汁。

6 洋葱片、木耳、香菜段、小米椒段放入大碗中，倒入味汁拌匀即可。

双耳听琴

减糖 高纤

"双耳听琴"是一道天然朴素的健康菜。银耳，被人们誉为"食用菌之王"。木耳有清涤肠胃的作用，是人体的清道夫。芹菜是高膳食纤维食物。三者搭配能起到促便、开胃的作用。银耳多用来做甜品，试试寻常的咸味菜你会发现，银耳入菜，味道更胜一筹。

材料 |
干木耳、干银耳各10克，芹菜100克。

调料 |
盐2克，花椒油10克，香油5克，鸡精适量。

做法 |

1

2

3

4

5

6

厨房小语

花椒油是这道菜的灵魂，如果没有现成的花椒油，可把油倒入锅中，放入几粒花椒现炸花椒油。

1 将干木耳用温水泡开，洗净，去蒂，撕碎。

2 干银耳用温水泡开，洗净，去蒂，撕碎。

3 芹菜去叶洗净，切成段。

4 银耳和木耳分别用沸水焯烫。

5 芹菜段用沸水焯烫。

6 将焯过的木耳、银耳、芹菜段放入碗中，放入盐、鸡精、花椒油、香油调味拌匀，装盘即可。

白灼金针菇

金针菇含有丰富的赖氨酸和精氨酸，还含有一种叫朴菇素的物质，能增强机体对癌细胞的抵抗能力，具有抗癌作用。

金针菇是凉拌菜和涮火锅的上好食材，味道鲜美，深受人们喜爱。

材料｜
金针菇250克，小米椒3个，香葱1根。

调料｜
盐2克，生抽15克，白糖3克。

做法｜

1

2

3

4

5

6

厨房小语

1. 金针菇焯水一定要快，出锅后尽快拌入调料，不但颜色好，还更容易入味。
2. 可以根据自己的口味选择姜末、胡椒粉等调料。

1 切去金针菇的根，用水浸泡后冲洗干净。

2 香葱洗净，切末；小米椒洗净，去蒂，切成辣椒圈。

3 生抽、盐、白糖加少许凉白开调成味汁。

4 锅中水烧开后熄火，放入金针菇焯水1分钟，捞出沥干水分。

5 金针菇装盘，撒香葱末，倒入调好的味汁。

6 另起油锅烧热，小米椒用油稍微炸一下，淋到金针菇上即可。

拌白玉菇

低脂 高纤

材料 |
白玉菇250克。

调料 |
盐2克，剁椒、鱼露各15克，白糖5克，陈醋10克，香油适量。

白玉菇洁白晶莹，质地细腻，给人以视觉上的惊艳享受。白玉菇中含有较多膳食纤维，有通便排毒、降压等功效。

清洗白玉菇最好将其掰成小朵，然后用水冲洗干净。不要泡在水里洗，以免损失过多维生素。

做法 |

1 白玉菇洗净备用。

2 锅中烧开水，水中加少许盐，将白玉菇放入锅中焯烫1分钟后捞出，过凉。

3 将白玉菇沥干水后放入大碗中，放入剁椒。

4 调入盐、白糖、鱼露、香油、陈醋拌匀即可。

厨房小语
味汁可依据自己的喜好调制，喜欢辣的朋友可放1勺红油。

手撕杏鲍菇

减糖 高蛋白

材料 |
杏鲍菇400克。

调料 |
葱油、米醋各10克，葱花
适量，生抽15克，盐2克，
白糖5克。

杏鲍菇营养价值高，
味道鲜美，有鲍鱼的口感
及杏仁清新的香味，因而
得名"杏鲍菇"。

手撕杏鲍菇，这道菜
口感和味道都特别好，杏
鲍菇吃起来有荤菜的感觉，
滑嫩爽口，很下饭。

厨房小语

切开的杏鲍菇用刀拍
散后更容易撕成丝。

做法 |

1 杏鲍菇洗净，对半切成两段，按纹理撕成丝。

2 锅内水烧开，倒入杏鲍菇丝焯熟后捞出放凉。

3 杏鲍菇丝挤干水分放入碗中（水分一定要挤干，这样杏鲍
菇才能充分吸收调料）。

4 将调料（葱花除外）放入料碟中拌匀制成味汁，淋到杏鲍
菇中，撒上葱花即可。

捞汁海带丝

低脂 高纤

捞菜是凉菜系的一种，是用醋、海鲜酱油、蚝油、白糖、盐、香油等精心调配凉拌而成，酸甜微辣的捞汁凉菜，爽口开胃，能快速打开味蕾。

捞汁海带丝是一道色香味俱佳的下酒菜。很家常、很简单，只要掌握好处理的方法，加适量香醋和清新的苹果醋，就可以享受绝佳美味了。

材料 |
干海带丝20克，黄瓜、紫甘蓝、苦菊各50克，香菜1棵，小米椒3个。

调料 |
生抽、蚝油、香醋各10克，苹果醋15克，白糖、红油、花椒油各5克。

做法 |

1

2

3

4

5

1 干海带丝泡开。

2 将黄瓜、紫甘蓝分别洗净，切成细丝；香菜、苦菊择洗干净，切段；小米椒切丝。

3 锅中放入清水，烧开后关火，将泡过的海带丝放入沸水中焯烫，捞出过凉。

4 将生抽、蚝油、香醋、苹果醋、白糖、红油、花椒油、少许凉白开倒入小碗中，放入小米椒丝搅拌均匀即成自制捞汁。

5 将海带丝放入大碗中，加入黄瓜丝、胡萝卜丝、紫甘蓝丝和香菜段、苦菊段，倒入调好的捞汁，拌匀即可。

厨房小语

蔬菜可自行搭配；调捞汁时，可以随时尝尝，是否适合自己的口味。

榄菜拌豆丝

减糖　高纤

橄榄菜，取橄榄甘醇之味，芥菜丰腴之叶煎制而成。因其色泽乌艳，油香浓郁，美味诱人而成为潮汕人日常居家的小菜美食。

用橄榄菜作为凉菜的调味品，与豆丝相拌，下箸品尝，别有一番韵味，十分下饭。

材料 |
四季豆300克，橄榄菜15克。

调料 |
盐2克，鸡精适量。

做法 |

1 四季豆洗净后择去两端的筋丝。

2 橄榄菜放入小碗中。

3 把四季豆放入沸水中煮熟，捞出。

4 四季豆过凉后切丝，放入碗中。

5 加入橄榄菜、盐和鸡精，拌匀即可（可用小米椒装饰）。

厨房小语

1. 煮四季豆时可往水里放少许盐和油，这样煮出来的豆角颜色翠绿好看。

2. 四季豆一定要煮熟后才能食用，不熟的四季豆有毒。

3. 橄榄菜含有一定的盐分，此菜可依个人口味不放盐或少放盐。

酸辣豌豆凉粉

低脂 补能

豌豆凉粉是以豌豆粉为原料做成的小吃，非常适合夏季食用。

这道菜自己在家就可以轻松操作，简单易学。配以白醋、香油、蒜末、白糖等调料，吃起来清凉香嫩、爽口开胃。

材料 |
豌豆淀粉80克，紫甘蓝200克。

调料 |
蒜末、生抽各10克，苹果醋15克，盐2克，白糖8克，白醋少许，香油适量。

做法 |

1 紫甘蓝洗净，切丝，放入料理机中，加500克水打成汁，过滤出渣。

2 在紫甘蓝汁中加几滴白醋，颜色会变粉色。

3 豌豆淀粉中加80克紫甘蓝汁浸泡15分钟。

4 将剩余紫甘蓝汁倒入锅中，加入做法3中泡好的淀粉。

5 小火加热，不停搅拌至透明状，且锅中有气泡翻腾。

6 将煮好的粉糊倒入容器中，冷却后放冰箱冷藏。

7 蒜末、生抽、苹果醋、盐、白糖、香油放入调料碗中，拌匀制成味汁。

8 冷藏好的豌豆粉取出，倒扣出来，切块，倒入味汁拌匀即可食用。

厨房小语

调料可依据自己的口味来调制，放入辣椒油味道也不错。

麻酱豇豆

减糖 高蛋白

材料

豇豆300克。

调料

芝麻酱35克，盐2克，蒜泥20克，生抽、醋各10克。

豇豆富含B族维生素、维生素C和植物蛋白质，有解渴健脾、补肾止泄、益气生津的功效。

豇豆可清炒，可凉拌，也可作为各类汤粉类食物的作料。北方多晒干，用作干菜。

做法

1 将豇豆掐头去尾，抽筋洗净，锅中加适量清水，倒入几滴油和少许盐，烧开放入豇豆焯熟，捞出放凉。

2 芝麻酱放入碗内，放入盐和50克凉白开（分几次搅拌加入），搅拌成稠糊状，放入蒜泥，加入生抽、醋调匀制成味汁。

3 豇豆切成3厘米长的段，淋上味汁即可。

素拌银芽

減糖 高纤

材料｜
绿豆芽 （银芽） 400克，
胡萝卜、 黄瓜、 黄甜椒
各50克。

调料｜
盐2克，白糖5克，醋、生
抽各10克，香油适量。

在大鱼大肉之后，适
当的清淡饮食可以减轻肝
肾及胃肠道负担，不妨来
盘素拌银芽。

银芽即绿豆芽。绿豆
芽含有膳食纤维，经常食
用还可以起到减肥功效。

做法｜

1 绿豆芽择洗干净。

2 胡萝卜、黄瓜、
黄甜椒分别洗
净，切丝。

3 绿豆芽放入锅中
焯熟，捞出沥干
水分。

4 将焯熟的豆芽、
胡萝卜丝、黄瓜
丝、黄甜椒丝一
起放入大碗中。

5 盐、白糖、醋、
生抽、香油放入
调料碗中，调匀
制成味汁，倒
入大碗中拌匀
即可。

红油冻豆腐

减糖　高蛋白

将豆腐冷冻，即为冻豆腐。解冻并脱水干燥的冻豆腐又称海绵豆腐，孔隙多、弹性好、营养丰富，味道也很鲜美。

豆腐及其制品富含优质蛋白质，常食可预防骨质疏松、乳腺癌的发生。

材料 |
冻豆腐300克，黄瓜1根，红甜椒、黄甜椒各1个。

调料 |
红油8克，生抽10克，香醋15克，蚝油5克，香油适量。

做法 |

1 冻豆腐化冻，切方丁。

2 红甜椒、黄瓜、黄甜椒分别洗净，切片。

3 冻豆腐块放沸水锅中焯一下，捞出挤干水分。

4 冻豆腐块放入大碗中，再放入红甜椒片、黄瓜片、黄甜椒片。

5 生抽、香醋、蚝油、香油调匀，倒入碗中，调入红油拌匀即可。

柠香豆花

低脂 高蛋白

豆腐没有什么味道，用芒果配上柠檬，撒上适量的柠檬丝，既有芒果的清香，又有清新的柠檬香，吃上一口，一股水果的香气袭来，令人兴奋。

材料｜
芒果、柠檬各1个，
内酯豆腐1盒。

调料｜
冰糖20克。

做法｜

1 内酯豆腐放入盘中，
上蒸锅蒸10分钟。

2 芒果去皮、去核，
切丁；柠檬洗净，
切半，取一半的量
切丝。

3 冰糖放入锅中，
柠檬汁挤入锅中。

4 柠檬汁中加适量
水煮开。

5 豆腐上撒柠檬丝，
淋上煮好的汁。

6 放上芒果丁即可。

厨房小语

冷藏之后食用风味更佳。

茶香卤素鸡

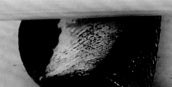

做茶香卤素鸡要放一点茶叶，淡淡的清香味全靠它了。卤煮一开始就要加足水量，让原料"喝足"调味汁，最后收浓汁，素鸡的味道也就浓了。若是有碗老卤水汁，味道收浓后会更好，白糖可以多放点，提鲜。

材料 |
豆腐皮500克。

调料 |
盐3克，白糖、茶叶各10克，酱油20克，香叶1片，料酒15克，花椒15粒，桂皮、陈皮各1块，大料、草果各1个，小茴香3克。

做法 |

1 将豆腐皮用温水清洗干净。

2 将香叶、大料、花椒、桂皮、草果、陈皮、小茴香放入调料盒中。

3 茶叶放入茶包中。

4 豆腐皮卷成卷后，用棉线捆好，一定要捆紧。

5 平锅中放少许油，将豆腐皮卷煎至表面微黄备用。

6 锅中加入能没过豆腐皮卷的清水，再放入调料盒、茶包，调入料酒、白糖、盐、酱油，大火烧开。转小火卤制35分钟，关火后浸泡2小时味道更佳。

腐竹三拌

高蛋白 高纤

腐竹是一种营养丰富的优质豆制品，具有浓郁的豆香味，还有着其他豆制品所不具备的独特口感。

材料 |
干腐竹50克， 干木耳5克， 柿子椒1个，香菜1棵。

调料 |
盐2克，生抽、醋各10克，白糖5克，香油适量。

做法 |

 1
 2
 3
 4
 5
 6
 7

1 将干腐竹放入水中泡发。

2 将干木耳放入水中泡发，洗净。

3 香菜洗净，切段；柿子椒洗净，去蒂、子，切片。

4 腐竹入开水锅焯烫1分钟后过凉、沥干。

5 将木耳放入锅中焯烫2分钟后过凉、沥干。

6 腐竹切段后放入大碗中，再将木耳、香菜段、柿子椒片一起放入碗中。

7 盐、白糖、醋、生抽和香油放入小碗中调匀，倒入盛腐竹木耳的碗中拌匀即可。

厨房小语

味汁可以按自己的口味来调制。

营养热炒

醋熘白菜

高纤 低脂

酸辣口味的醋熘白菜，是一道很简单的家常菜。大白菜含有丰富的矿物质、维生素及膳食纤维，能起到润肠、促消化的作用。

材料 |
大白菜500克。

调料 |
醋、水淀粉各10克，盐3克，白糖20克，葱末5克，干辣椒4个。

做法 |

 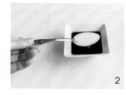 

厨房小语

味汁在酸甜的基础上略带咸味为好。

1　白菜取菜帮洗净，从中间切开，然后将刀倾斜30度角将菜帮片成薄片。

2　取小碗，放入醋、盐、白糖、水淀粉调成味汁备用。

3　锅中倒入油，烧至五成热，放入切段的干辣椒，爆出辣椒香味后，马上放入葱末。

4　倒入白菜片翻炒至断生，倒入调好的味汁。

5　大火翻炒至汤汁包裹在白菜上即可。

小白菜炒木耳

高纤　减糖

材料 |
小白菜300克，水发木耳100克。

调料 |
剁椒20克，蒜末、生抽各10克，白糖5克，香油适量。

小白菜炒木耳，碧绿配黑色，给视觉和味觉带来一份清爽，同时也带来一份营养。

木耳是一种营养丰富的食用菌，有排毒、养血等功效。

做法 |

1　小白菜去黄叶，用清水洗净，沥干水分，茎和叶分别切成段。

2　泡发好的木耳洗净，撕成小朵，沥干水分。

3　锅里放油，烧至七成热，放剁椒、蒜末爆香。

4　放入小白菜茎段、木耳炒软。

5　再下小白菜叶，大火翻炒至断生。

6　放入生抽、白糖翻炒均匀，淋香油即可出锅。

厨房小语

1. 剁椒、生抽都有咸味，盐可依自己的口味添加。
2. 小白菜茎、叶分开炒，可避免成熟不一致。

砂锅豉椒娃娃菜

高纤

材料 |
娃娃菜2棵。

调料 |
豆豉酱15克，小米椒2个，
生抽、料酒、葱末各10克，
盐2克，白糖8克。

砂锅豉椒娃娃菜，又
辣又鲜又爽，还很温暖。
食用时最好是娃娃菜上夹
杂着豆豉一起送进嘴里，
娃娃菜甜嫩，豆豉醇香，
嚼着真是美味呀！

做法 |

厨房小语

豆豉酱有咸味，盐要酌
量放。

1 娃娃菜洗净，每棵切四瓣，根部相连。

2 锅中放油烧热，放入葱末、切好的小米椒、豆豉酱炒香。

3 放入娃娃菜炒软，调入生抽、料酒、盐、白糖。

4 转移到砂锅中，加盖小火烧2分钟即可。

栗子娃娃菜

高纤 补能

娃娃菜清甜，栗子甘甜，二者都是价廉物美、富有营养的食材。它们就是天生的一对，相配色泽鲜艳，味香适口，给干燥的秋季带来清爽的美味。

材料
娃娃菜1棵，熟栗子150克，枸杞子5克。

调料
葱末10克，料酒20克，姜末、生抽、白糖各5克，盐2克，水淀粉35克，香油少许，高汤适量。

做法

厨房小语

栗子可买炒好的剥去壳皮即可。

1 娃娃菜洗净，切成四瓣，根部相连。

2 枸杞子泡软洗净，与葱末、姜末共放盘中备用。

3 锅烧热放油，下葱末、姜末爆香。加高汤、料酒、娃娃菜。

4 放入栗子烧烂，放入枸杞子略煮。

5 下盐、白糖、生抽调味，倒入水淀粉勾芡。

6 淋香油，翻炒均匀即可出锅。

双色包菜

低脂 | 高纤

材料 |
紫甘蓝200克，圆白菜
200克。

调料 |
小米椒1个，豆豉香辣酱、
生抽各10克，葱末、白
糖各5克，鸡精、香油各
适量。

圆白菜因有许多药用
功效而备受推崇，希腊人
和罗马人将其视为万能药，
在抗癌蔬菜中，圆白菜名
列前茅。圆白菜里面的叶
子比外面的叶子略白，要
选择外面的叶片呈绿色且
有光泽，水灵且柔软的
那种。

厨房小语

豆豉香辣酱有咸味，所以
没有加盐，可按自己的口
味调节。

做法 |

1 紫甘蓝、圆白菜分别洗净，撕成
小片。

2 锅里加油烧热，加入葱末、切好的小
米椒、豆豉香辣酱炒香。

3 倒入紫甘蓝片、圆白菜片翻炒，炒软
后加入生抽、白糖。

4 翻炒均匀，调入鸡精、香油即可
出锅。

蚝油生菜

高纤 低脂

材料 |
生菜500克。

调料 |
蚝油15克,生抽5克,水淀
粉、白糖各10克,料酒20
克,香油少许,蒜末3克。

蚝油生菜做法简单,
清新的生菜质地脆嫩,口
感清香,是一道很美味的
快手家常菜。生菜中含有
甘露醇等有效成分,有减
肥功效,因其茎叶中含有
莴苣素,故味微苦,具有
清热、消炎、催眠的作用。

做法 |

1 生菜清洗干净,撕成小片。

2 小碗中调入蚝油、料酒、白糖、生
抽,加一点点水,调成味汁。

3 锅中放水,加白糖、油,水开后放生
菜片,20秒后立即捞出,沥干水分。

4 锅中放油,加蒜末炒香,倒入味汁,
倒入水淀粉。

5 烧开后,淋香油,浇在生菜上即可。

厨房小语

焯生菜的时间一定要短。

香菇油菜

高纤 减糖

香菇油菜是一道家常的清新小菜，味道鲜美，营养价值丰富，容易上手。香菇清香爽滑，油菜嫩绿清脆，二者搭配烹调，可以说是色香味俱佳。

材料｜
油菜200克， 干香菇30克。

调料｜
葱末5克，生抽、蚝油各10克，水淀粉20克，盐、香油各适量。

做法｜

厨房小语

香菇洗净再泡，泡香菇的水很鲜，不要倒掉，用来调汁很香。

1 油菜择洗干净。

2 干香菇洗净，放入温水中泡软。

3 将泡软的香菇捞出，泡香菇的水留着备用。

4 锅中倒入清水，水中加少许盐、油，烧开后放入油菜焯熟，捞出，沥干水分。

5 锅中放油，油热后下葱末、香菇炒香。

6 倒入泡香菇的水，调入生抽、蚝油烧开。

7 倒入水淀粉勾芡。

8 出锅时淋香油，调匀后倒在油菜上即可。

腐乳空心菜

高纤　减糖

材料 |
空心菜400克。

调料 |
腐乳10克，腐乳汁5克，葱末5克，小米椒1个。

　　翠绿可口的空心菜，嫩得好像一股水似的，作为家常小炒，汤汁浓郁，口感爽脆，健康清新。
　　空心菜的膳食纤维含量较丰富，有促进肠蠕动、通便解毒的作用。

做法 |

1　将空心菜择洗干净，切段。

2　将腐乳碾压细碎加腐乳汁搅拌均匀，制成腐乳调味汁。

3　锅中放入油，烧热后下葱末炒香，迅速放入空心菜段，反复翻炒。

4　炒到八成熟时，倒进调好的腐乳调味汁。

5　翻炒均匀后，撒上切好的小米椒立即出锅。

厨房小语

1. 要大火快炒。
2. 腐乳有咸味，可不放盐。

粉蒸萝卜缨

低脂 补能

材料 |
新鲜胡萝卜缨400克，面粉150克。

调料 |
蒜泥20克，盐2克，生抽10克，香油适量。

说起胡萝卜缨，可能有的人比较陌生。胡萝卜缨指的是刚长出的胡萝卜嫩叶，胡萝卜缨跟胡萝卜一样，含有丰富的营养，具有健脾养胃、防癌抗癌、化湿排毒的功效。

厨房小语

蒸的时间按食材量而定，时间太短会黏牙，时间太长颜色会发黄。

做法 |

1 胡萝卜缨只要嫩叶子部分，洗净，切段。

2 加入面粉拌匀。

3 放入笼屉中，入沸水锅中蒸15分钟左右。

4 蒜泥中加生抽、香油、盐调匀。拌入出锅的胡萝卜缨中，也可以蘸着吃。

芥菜炒腐竹

高蛋白 减糖

材料 |
芥菜1棵，水发腐竹100克，水发木耳30克。

调料 |
葱末5克，盐2克，生抽、蚝油各10克，香油适量。

芥菜绿油油的茎，样子肥肥胖胖，看起来很厚实，吃下去却是香甘爽口，还有一股清甜的味道，而且一点渣也没有。翠绿色的芥菜和腐竹炒在一起，清清爽爽，别有风味。

做法 |

1 芥菜洗净，叶和茎分别切段。

2 泡好的腐竹切段；木耳洗净，撕成小朵。

3 锅中放油，烧热后放葱末炒香，下腐竹段、木耳翻炒。

4 放入芥菜茎段炒至断生，再放入芥菜叶炒软。

5 调入盐、生抽、蚝油炒匀，淋香油即可出锅。

厨房小语

芥菜叶和茎分开炒是避免芥菜叶早熟失去口感。

菠菜焗蛋

高蛋白 减糖

材料 |
鸡蛋5个，菠菜100克，盐适量，淀粉8克，沸水10克，香葱1根。

烘焙 |
水浴法，烤箱中层，200℃，上下火，烤40分钟左右。

菠菜含有丰富的矿物质与维生素，是一种营养密度很高的食物。虽然菠菜现在一年四季都能买得到，但以春天采收者为佳。

做法 |

1 鸡蛋磕开，加盐；淀粉加水调匀后倒入蛋液中，打散。

2 香葱洗净，切末，放入蛋液中拌匀。

3 锅中水烧开，放入择洗干净的菠菜，焯水后捞出过凉，再将菠菜切成碎。

4 烤碗中刷一层食用油，防粘。

5 先放入菠菜，然后倒入蛋液。

6 在烤盘里注入沸水，沸水的深度约1厘米，放进烤箱，与烤箱一起预热，预热烤箱200℃。预热好后，将烤碗包上锡纸，放到烤箱的烤网上，上下火，中层，烤40分钟左右即可。

厨房小语

1. 如果上层蛋液还没变硬，可适当延长烤制时间。

2. 蒸好后切厚块装盘，可按自己的喜好调入生抽、醋、香油等，爱吃辣的再倒点辣椒油。

瓜茄

尖椒炒笋尖

高纤 低脂

竹笋富含膳食纤维，有助于帮助排出体内有害物质和废物，还能帮助调控血糖、血脂，减脂瘦身。

材料 |
鲜竹笋尖150克，辣椒1个。

调料 |
盐2克，白糖5克，香油适量。

做法 |

1 鲜竹笋尖改刀成条；辣椒去蒂和子，洗净，切成粗丝。

2 锅中加水，放入鲜笋尖，焯水捞出。

3 炒锅内放油，烧至六成热，下鲜竹笋尖炒匀。

4 再下辣椒丝炒熟，调入盐、白糖、香油炒匀即可。

厨房小语

鲜竹笋含有大量的草酸，切记焯水后食用。

塔菜炒冬笋

高纤 减糖

材料 |
塔菜1棵，冬笋200克。

调料 |
盐3克，白糖5克。

塔菜炒冬笋是上海菜中颇负盛名的地道家常菜。塔菜和冬笋都是冬日里盛产的蔬菜，塔菜稍带淡淡苦味，梗糯叶软，翠绿怡人，加上质嫩色白的冬笋，鲜嫩清爽，只需简单清炒，吃起来就十分清甜可口。

做法 |

1 将塔菜切开后洗净，沥干备用。

2 冬笋剥壳，焯水后沥水。

3 热锅入油，油温后倒入塔菜，大火爆炒。

4 塔菜变蔫后加入冬笋片翻炒，调入盐、白糖炒熟即可。

香芒青瓜百合

低脂 高纤

材料 |
芒果1个，黄瓜1根，百合50克。

调料 |
盐2克，水淀粉15克。

吃水果，吃的就是水果的新鲜香甜，所以做菜的时候，选用的配菜就不能是味浓或质硬的材料。调品时更要注意，不能让其他味道盖过水果本来的味道。

厨房小语

炒制时间不宜过长，都是易熟的食材，盐味不宜过重。

做法 |

1

2

3

4

1 芒果去皮、去核，切丁；黄瓜洗净，切丁；百合洗净，掰成片。

2 锅中放油，油热后放入黄瓜丁、百合翻炒，炒至百合变透明。

3 再放入芒果丁翻炒。

4 调入盐，倒入水淀粉，翻炒均匀即可出锅。

湘味蒸丝瓜

高纤 低脂

材料 |
剁椒100克，丝瓜500克。

调料 |
蒜末15克，料酒、蚝油各
10克，白糖5克。

丝瓜用来蒸食，既爽
口，又能减少营养流失。
一层丝瓜，一层剁椒，加
了剁椒的丝瓜，成菜口感
不失鲜美。

丝瓜有凉血解毒、除
热利肠、润皮美白之效，
爱美的女士可以在家享受
这道养颜蒸菜。

做法 |

1 丝瓜洗净去皮，切片，码入碗中。

2 锅中倒油，油热后下蒜末、剁椒炒出
红油，调入料酒、蚝油、白糖炒匀，
关火。

3 将炒好的剁椒铺在丝瓜片上。

4 蒸锅加水，水开后放入丝瓜，蒸10分
钟左右即可。

豆豉炒苦瓜

低脂 减糖

材料|
苦瓜300克。

调料|
豆豉、蒜蓉各10克，干辣椒2个，香油适量。

　　豆豉炒苦瓜，苦瓜爽脆，豉香浓郁。苦瓜虽然入口苦，回味却是甘甜的。一些人喜欢用盐腌制苦瓜片刻，然后挤出苦瓜汁，其实，苦瓜的精华在于苦味，它能清热解毒、清心明目、促进新陈代谢。由于苦瓜性凉，多食易伤脾胃，所以脾胃虚弱的人要少吃。

厨房小语

1．苦瓜焯水可去掉一部分苦味，但时间不宜过长。

2．豆豉有咸味，可不加盐。

做法|

1 将苦瓜洗净，剖开去子后切成片。

2 干辣椒切段；豆豉剁碎。

3 苦瓜片放入沸水中焯至断生，捞出沥干。

4 锅中放油烧热，加入豆豉、蒜蓉、干辣椒段用小火炒成豆豉酱。

5 放入苦瓜片炒匀。

6 加入香油翻炒均匀即可出锅。

红烧冬瓜

低脂 减糖

材料 |
冬瓜500克。

调料 |
姜片、蚝油各5克，冰糖3克，大料2个，干辣椒3个，盐2克，葱段、生抽各10克，香油适量。

冬瓜性寒，能养胃生津、清降胃火。
红烧冬瓜色泽红亮软烂，鲜香味美。

做法 |

1 冬瓜去皮、去瓤，洗净，切块。

2 锅中放少许油烧热，下冬瓜块煸一下，盛出。

3 锅内放少许油，放冰糖炒化，下冬瓜块炒匀。

4 调入蚝油、生抽、大料、干辣椒、盐、葱段、姜片，加适量水烧开，转小火烧到冬瓜软烂。

5 烧至冬瓜呈半透明状、锅内剩少许汤汁时关火，淋香油即可出锅。

泡椒佛手瓜

低脂 高纤

材料 |
佛手瓜300克。

调料 |
剁椒20克，蒜末15克，生
抽、蚝油各10克，香油
适量。

　　佛手瓜长得就像两个
手掌合在一起，如"合
十"，因此叫佛手瓜。佛手
瓜含有丰富的钾，经常吃
可利尿排钠，有降压之效，
是很好的保健蔬菜。

做法 |

1 佛手瓜洗净，去核，切成丝。

2 炒锅置火上，倒油烧热，下蒜末、剁
椒炒出红油。

3 放入佛手瓜丝翻炒至断生。

4 倒入生抽、蚝油翻炒均匀，淋香油即
可关火。

厨房小语

1. 佛手瓜食用时最好选择
幼果，即果皮呈鲜绿色、
细嫩、未硬化的。
2. 佛手瓜不可久炒，断生
即可，才能保持清脆口感。

番茄西葫芦

低脂 减糖

材料|
西葫芦300克，番茄150克。

调料|
葱花5克，盐3克。

番茄炒西葫芦色香味俱全，是道很不错的轻食。西葫芦富含矿物质和维生素等，番茄富含番茄红素。只用盐和葱花调味就可以了，不需要加别的调料。

做法|

1 西葫芦洗净，从中间切开，切成均匀的薄片。

2 番茄洗净，去皮，切块，皮留用。

3 锅中放油，油热后放葱花爆香，下西葫芦片翻炒，放入番茄块。

4 加入盐，翻炒至西葫芦熟，出锅后装饰上番茄花即可。

番茄花的做法

番茄皮的亮面向里，慢慢卷起，即成一朵好看的"红花"，装饰菜品非常漂亮。

厨房小语

不要炒太长时间，以免影响西葫芦的脆感。

银杏炒秋葵

高纤 减糖

材料|
秋葵300克，去壳银杏80克。

调料|
葱末、白糖各5克，盐2克。

银杏号称"活化石"，是现存种子中最古老的植物，银杏虽有解毒去火、抗氧化的作用，但是有微毒，每人每次食用以不超过10粒为宜。

做法|

1 锅中加水烧沸，放入银杏煮3分钟，捞出沥干。

2 秋葵洗净，放入沸水中焯2分钟，捞出沥干，切片备用。

3 锅中加油，待烧至五成热时放入葱末爆香，下秋葵片大火翻炒。

4 放入银杏翻炒均匀，调入盐、白糖炒匀即可。

厨房小语

可在超市买袋装去皮的银杏，也可买带皮的自己剥。

根茎

×

素炒蒜黄

高纤 减糖

蒜黄是大蒜的幼苗，叶柔软细嫩，富有清香味，辣味不浓。素炒蒜黄，色泽艳丽，香气醇和，鲜嫩可口，可开胃、助消化，是深受人们喜爱的开胃蔬菜。

材料 |
蒜黄400克。

调料 |
剁椒15克，生抽10克，白糖5克，香油适量。

做法 |

1 蒜黄洗净，切去根部，切小段。

2 锅热放油，油热后放入剁椒炒出红油。

3 下蒜黄段翻炒至软。

4 调入生抽、白糖翻炒均匀。

5 关火，淋香油出锅即可。

厨房小语

剁椒有咸味，盐可依自己的口味添加。

珍珠蒜薹

高纤 低脂

蒜薹是好食材，味道香辣，富含多种营养素，具有降血脂作用。

材料 |
蒜薹200克，甜玉米罐头150克，红甜椒1个。

调料 |
盐2克，蚝油10克。

做法 |

1 蒜薹洗净，切成小粒。

2 红甜椒洗净，切丁；甜玉米粒沥干水分。

3 锅中倒油，油热后下蒜薹粒翻炒。

4 再放入甜玉米粒炒至蒜薹粒熟透。

5 放入红甜椒丁炒匀。

6 调入盐、蚝油炒匀即可出锅。

厨房小语

蒜薹下锅不宜久炒，久炒就不脆了。

茭白西芹炒素鸡

[高蛋白] [高纤]

材料|
茭白300克，西芹100克，
素鸡200克。

调料|
葱丝、姜丝各5克，剁椒15
克，生抽10克，香油适量。

茭白西芹炒素鸡是膳
食纤维丰富的菜。口感上
丝毫不输与肉搭配同烧的
茭白。茭白是易入味的蔬
菜，搭配西芹、素鸡，用
剁椒调味，香辣味厚，也
很下饭。

做法|

1 茭白去皮，洗净，切片；西芹择洗干
净，切段。

2 素鸡冲洗一下，切片。

3 锅中放入油，热后下葱丝、姜丝炒
香，放入剁椒炒出红油。

4 放入茭白片、西芹段、素鸡片翻炒。

5 炒至八成熟时，调入生抽炒匀出锅，
放入香油调味即可。

厨房小语

剁椒、生抽均有咸味，可
以不加盐。

番茄菜花

低脂 高纤

材料 |
菜花400克，番茄1个。

调料 |
盐3克，葱末5克，白糖
10克。

番茄菜花，营养健康，
而且酸甜适口，很下饭，
是公认的健康菜品。番茄
中含有大量的番茄红素，
具有抗氧化、消除自由基
的功效，可缓衰老、降
血脂。

做法 |

1 将菜花掰成小朵，用清水洗净。

2 番茄洗净，切成小块。

3 菜花放沸水中焯至断生，捞出，控水
待用。

4 锅中放油，下葱末炒香，放入番茄块
炒至软烂。

5 放入焯过的菜花翻炒均匀，调入盐、
白糖炒匀即可出锅。

五彩西蓝花

高纤 减糖

材料 |
西蓝花200克， 水发木耳
30克， 黄甜椒50克， 红
甜椒50克， 西蓝花梗50
克， 青蒜1棵。

调料 |
盐3克，生抽15克，白糖
5克，香油适量。

西蓝花营养丰富，不
仅具有防癌抗癌作用，还
可促进钙质吸收。

五彩西蓝花，是将不
同蔬菜混在一起炒食，营
养更加均衡。

做法 |

1 黄红甜椒、西蓝花梗洗净，切片；水
发木耳洗净，撕成小朵。

2 青蒜洗净，切末。

3 西蓝花洗净，掰成小朵，放入锅中焯
水，捞出沥干水分。

4 锅中放油，烧热后放入西蓝花梗片、
木耳炒至断生，下西蓝花、黄红甜椒
片炒匀。

5 调入盐、生抽、白糖炒匀，关火，出
锅时淋香油即可。

素炒胡萝卜

[低脂] [高纤]

材料 |
胡萝卜300克。

调料 |
葱花20克，盐3克，酱油10克，白糖5克。

胡萝卜含有大量胡萝卜素，有抗氧化、明目等作用。经油炒过的胡萝卜更利于胡萝卜素的吸收。

做法 |

1 胡萝卜洗净，切成丝。

2 炒锅置大火上烧热，倒入油，待锅中油温六成热时，放入葱花炒香。

3 放入胡萝卜丝炒至将熟，放入酱油、盐、白糖。

4 炒至胡萝卜丝断生，出锅装盘即可。

厨房小语

葱可多放一些，炒出来的胡萝卜丝更香。

一品南瓜盅

补能　高纤

以前，南瓜既当菜又当饭，大概也正是这样，在很多人印象中，南瓜是难登大雅之堂的菜品。如今，南瓜的食疗作用被发现之后，在一些酒店的宴席上，又有了南瓜的身影。南瓜一品盅组合了菌菇、豌豆、腐竹等多种食材，是颇受欢迎的健康菜品。

材料 |
小南瓜1个， 豌豆粒、 杏鲍菇、 蟹味菇、 鲜香菇各30克，腐竹50克。

调料 |
蚝油、生抽各5克，姜丝10克，盐2克，白糖5克。

做法 |

1 将小南瓜切去蒂的上半部分，中间挖空，南瓜肉待用。

2 将南瓜盅放入锅中蒸熟。

3 腐竹泡发，切段；杏鲍菇、蟹味菇、香菇洗净，切丁；南瓜肉切块。

4 锅中放少许油，放入姜丝炒香，下入杏鲍菇丁、蟹味菇丁、香菇丁翻炒。

5 下入腐竹段、豌豆粒、南瓜块翻炒，倒入适量清水煮2分钟，放入盐、白糖、蚝油、生抽调味出锅。

6 将炒好的杂菇倒入蒸熟的南瓜盅里即可。

五彩山药

低脂 | 高纤

材料 |

山药200克，胡萝卜60克，
干木耳5克，芹菜、红甜椒
各50克。

调料 |

葱末、姜末各5克，盐3克，
生抽10克，白糖少许。

山药自古以来就被视
为物美价廉的补虚佳品，
营养丰富。

这道五彩山药有开胃
健脾、低脂高纤的特点，
食后既能增加饱腹感，又
可健脾瘦身。

做法 |

1

2

3

4

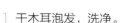
5

6

1 干木耳泡发，洗净。

2 山药去皮，切片，泡入淡盐水中。

3 胡萝卜、红甜椒、芹菜分别洗净，
切片。

4 锅中倒油烧热，爆香葱末、姜末，下
胡萝卜片。

5 再放入芹菜片、木耳、山药片翻炒。

6 炒至八成熟时，放入红甜椒片炒熟，
放入盐、白糖、生抽调味后即可出锅。

厨房小语

山药的黏液可能会引起部
分人皮肤过敏，削皮时最
好戴上手套。

荠菜烩山药

高纤 低脂

材料 |
山药350克，荠菜100克。

调料 |
葱末、白糖各5克，盐、香油各3克，白醋、水淀粉各适量。

荠菜作为野菜里的头一道鲜，常听长辈说："三月三，荠菜当灵丹。"荠菜含有蛋白质、多糖、生物碱、膳食纤维素、矿物质等营养成分，是一种营养蔬菜。

荠菜烩山药，虽然是素菜，但山药本就鲜，加上荠菜的清香，越简单的操作，越能体现迷人的原始味道。

厨房小语

山药去皮后放入白醋水中浸泡，可以防止山药氧化变黑。

做法 |

1 山药洗净，去皮，切滚刀块，放入加了白醋的水中，防止山药氧化变黑。

2 荠菜择洗净，切碎（为了保有更好的口感，千万别焯水）。

3 锅中加水，倒入山药块，去除表面黏液，捞出沥干。

4 锅中放油烧热，下葱末煸香，倒入荠菜碎、山药块翻炒均匀。

5 锅中加适量水，调入盐、白糖煨2分钟，改小火，用水淀粉勾芡，大火收汁，淋香油即可出锅。

湘味家乡藕

低脂 高纤

材料 |
莲藕400克。

调料 |
生抽、蒜末各10克，剁椒
酱15克，干辣椒5克。

莲藕微甜而脆，可生
食也可熟食。一般做莲藕
的方法都比较清淡，不过
做成辣味的湘味藕，加入
剁椒，特别好吃，而且越
辣越香，赶紧感受下那不
一样的香脆辣爽吧！

厨房小语

剁椒有咸味，可不加盐。

做法 |

1 莲藕洗净去皮，切薄片。

2 锅中倒入清水，水沸后放入藕片焯
  1分钟，捞出沥干水分。

3 锅中倒油，烧至六成热，放入切好的
  干辣椒段、剁椒酱、蒜末炒出红油。

4 放入藕片，加入生抽，翻炒均匀即可
  出锅。

青蒜炒魔芋结

高纤 低脂

材料 |
魔芋结350克，青蒜150克。

调料 |
盐2克，生抽5克，蚝油10克。

青蒜炒魔芋结是一道家常小炒。魔芋口感独特，味道鲜美，而且可以减少体内胆固醇的沉积，有排毒减肥、防病抗癌的功效，被人们誉为魔力食品、健康食品。

做法 |

1 魔芋结洗净，沥干水分备用。

2 青蒜择洗干净，切段。

3 锅中放入油，烧热后下青蒜段炒香。

4 倒入魔芋结，加入生抽、盐、蚝油炒匀即可。

豆及豆制品　　　五彩豌豆

高纤　高蛋白

这道菜颜色艳丽、营养丰富，有促排便、补能强体的作用。

材料│
胡萝卜、山药、玉米粒、红甜椒各80克，豌豆100克。

调料│
盐2克，葱末、姜末各5克，鸡精、香油各适量。

做法│

1 山药、胡萝卜洗净去皮，切丁；红甜椒洗净，去蒂、子，切小片；玉米粒、豌豆分别洗净。

2 锅中加清水，放入玉米粒、豌豆煮熟捞出，沥水。

3 锅中放油，烧热后下葱末、姜末炒香，放入山药丁、胡萝卜丁翻炒。

4 再将玉米粒、豌豆放入锅中炒匀。

5 出锅时放入红甜椒片，调入盐、鸡精、香油，炒匀即可。

雪菜炒毛豆

高纤 高蛋白

材料 |
毛豆200克，雪菜80克。

调料 |
葱末10克，白糖5克，盐
2克。

　　就是一个小菜，却常
常是万能的菜，也常常是
餐桌上最抢手的菜。雪菜
炒毛豆，鲜咸可口，做起
来很简单，百吃不厌。

做法 |

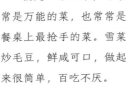

1 毛豆剥壳，取出豆粒。

2 锅中加水，放入盐，下毛豆粒焯水，捞出沥干
（焯水可去豆腥味）。

3 锅内倒适量油，大火烧至四成热时，放入葱末
炒香，下入切碎的雪菜末翻炒。

4 放入毛豆翻炒2分钟，根据个人口味加少许白
糖调味，炒匀即可。

厨房小语

1. 盐不要多放，因为雪菜
本身就咸。
2. 加点儿白糖是用来提鲜
的，最好不要省略。

子姜芸豆

高纤 | 补能

材料 |
芸豆400克，子姜30克。

调料 |
生抽、蚝油各10克，白糖
3克。

子姜芸豆，口感爽脆，
正如俗话说："饭不香，吃
生姜。"这道菜看上去很
清淡，但是加了姜丝之后，
滋味就会大不一样，不爱
吃姜的人会有种凛冽的刺
激感，就好像那些看上去
小清新的爱情，却会无辜
地让人受伤最深。

做法 |

1 芸豆择洗干净，
切丝。

2 子姜洗净，切丝。

3 锅中放入油，下
姜丝炒香。

4 下入芸豆丝翻炒。

5 调入生抽、白糖
炒匀，放蚝油炒
熟即可出锅。

厨房小语

1. 加白糖和蚝油时，要先
放白糖，后放蚝油。
2. 生抽、蚝油都有咸味，
盐要酌量放，最好不放。

姜丝扁豆

高纤 低脂

姜丝扁豆里面用的姜是"中年姜"，既无老姜的辛辣刺激，又无子姜的细嫩可人。作主菜嫌老，作配料嫌嫩，游离在传统与现代之间，拿它来炒扁豆丝却恰到好处，味道就是个恰如其分。

材料 |
扁豆350克，姜15克，红尖椒50克。

调料 |
生抽、蚝油各8克。

做法 |

1 扁豆洗净，去老筋，切丝。

2 姜洗净，切丝；红尖椒洗净去子，切片。

3 锅中放入清水，水开后下扁豆焯熟后捞出。

4 锅中放油烧热，放入姜丝、红尖椒片炒香。

5 下扁豆丝炒匀，调入生抽、蚝油炒匀即可出锅。

黄豆芽炒粉条

补能 高纤

材料 |
黄豆芽300克，粉条、青蒜各50克。

调料 |
大料1个，生抽15克，料酒10克，鸡精适量。

黄豆芽热量很低，而水分和膳食纤维含量很高，是便秘患者的健康蔬菜，有预防消化道肿瘤的功效。黄豆芽和粉条虽然都是简单食材，却能造就美味。

做法 |

1 黄豆芽择洗干净；青蒜洗净，切段。

2 粉条泡软，放入锅中煮熟，捞出沥干水分。

3 锅内倒油烧热，放入大料炒香，倒入黄豆芽翻炒均匀，下入煮过的粉条。

4 加半杯水，调入生抽、料酒炒匀，炒至黄豆芽、粉条入味，下青蒜炒匀，撒鸡精即可出锅。

厨房小语

粉条要提前煮熟再下锅炒，否则不易熟，还费油。

酸辣豆花煲

高蛋白

材料 |
内酯豆腐1盒（约500克），
粉丝50克，香菜2棵，熟花
生米、榨菜粒各30克。

调料 |
葱末、姜末各10克，生抽、
醋各15克，盐2克，红油
5克，香油少许。

　　酸辣豆花煲，具有豆
腐之爽滑鲜嫩，美味、营
养、健康，配以各种调料，
花生酥香、豆花细嫩，香
辣味浓。

做法 |

1

2

3

4

5

6

1 粉丝用温水泡软；香菜择洗干净，
切段。

2 内酯豆腐从盒中取出，放入盘中，切块。

3 砂锅中放油，下葱末、姜末炒香。

4 加适量清水，放入豆腐块。

5 下粉丝，调入生抽、盐、醋，煮至粉
丝软烂，放入熟花生米、榨菜粒、香
菜段。

6 最后调入香油、红油即可。

沙茶豆腐

沙茶酱色泽金黄，辛辣醇香，是潮州菜常用的调味品之一，可以直接蘸食佐餐，也可以调制别有风味的复合味。用沙茶酱来和豆腐一起烧菜，沙茶酱轻微的甜、辣味，使豆腐的味道更加美味可口。

材料 |
豆腐300克， 青尖椒、 红尖椒各1个。

调料 |
葱末10克，姜末5克，沙茶酱20克，生抽3克，白糖2克。

做法 |

1 豆腐洗净，切片。

2 青尖椒、红尖椒洗净，切片。

3 锅中倒入油，烧热后放入豆腐片煎至两面金黄，盛出备用。

4 锅中留底油，下葱末、姜末炒香，放入煎过的豆腐片。

5 调入沙茶酱拌炒入味。

6 再放入青尖椒片、红尖椒片，放白糖、生抽拌炒入味即可出锅。

厨房小语

豆腐煎时要小火。生抽放一点儿就好，提味，不要太多，否则颜色不好看。

东坡豆腐

高纤　高蛋白

材料 |
豆腐300克，笋200克，
干香菇20克。

调料 |
葱丝、姜丝各3克，大料
1个，甜面酱10克，盐2克，
白糖、生抽各5克，黄酒50
克，清汤适量。

宋代林洪撰写的《山
家清供》有两款豆腐名菜。
其一是雪霞羹，其二是东
坡豆腐。

苏东坡不仅是著名文
人，还是著名的美食家。
东坡豆腐，是他精于烹饪
之道而亲自操勺创制的豆
腐菜肴，后来，随着苏东
坡的足迹而流传开来。

这道东坡豆腐，用豆
腐与笋片、香菇合烹，外
焦里嫩，色泽鲜艳，香浓
味醇。

厨房小语

1. 豆腐要选择比较有韧
性的，以免在煎的过程中
破碎。
2. 焖煮的时候要不时摇动
炒锅，防止粘底。

做法 |

1　豆腐洗净，切菱形块；干香菇泡发，
　去蒂，切片；笋洗净，切片。

2　豆腐块放入油锅中，煎至两面金黄，
　盛出。

3　锅中放油，放入葱丝、姜丝、大料炒
　香，下香菇片、笋片翻炒。

4　再下煎过的豆腐块，烹入黄酒。

5　调入甜面酱、盐、白糖、生抽，倒入
　清汤炖煮5分钟，至汤汁变浓稠即可
　出锅（可用香菜段装饰）。

腐竹炒木耳

[低脂]

材料
干腐竹120克，干木耳5克，杭椒5个，小米椒3个。

调料
葱末5克，盐2克，蚝油4克，生抽8克。

腐竹是国人很喜爱的一种传统食品，它是用黄豆加工而成，具有浓郁的豆香味。

木耳质地柔软，口感细嫩，味道鲜美，是一种营养丰富的食用菌。腐竹炒木耳，咸鲜微甜。

厨房小语

若是怕木耳在炒的过程中炸锅，可以先煮一下再下锅炒。

做法

1. 干木耳用温水泡发；干腐竹用温水泡发。

2. 将泡发的腐竹沥干后切成约5厘米长的段；木耳择洗干净后撕成小朵；杭椒、小米椒洗净，切片。

3. 热锅倒油，下入葱末炒香。

4. 放入腐竹段与木耳快速翻炒，放入蚝油、生抽，加入少许水焖约1分钟。

5. 放入杭椒片、小米椒片、盐快速炒匀即可出锅。

黑椒芦笋烤蘑菇

高纤 减糖

芦笋有"蔬菜之王"的美称，其富含多种氨基酸、维生素和硒，经常食用有助于调节机体免疫。

材料 |
芦笋300克，口蘑3个，红、黄圣女果各6个。

调料 |
蒜片15克，盐3克，黑胡椒3克，橄榄油10克。

做法 |

1 芦笋洗净，去根部，取新鲜部分切段，入沸水锅中略焯，捞出。

2 口蘑洗净，切片。

3 圣女果洗净备用。

4 所有材料放入碗中，加入蒜片、盐、橄榄油调味（橄榄油可以稍微多一点儿，口感更好）。

5 烤盘铺好烤纸，放上所有材料，撒黑胡椒（喜欢味道重的可以多放点儿）。

6 烤箱预热200℃，上下火，放在中层，烤15~20分钟即可。

厨房小语

芦笋焯水不宜过长，只是在开水中烫一下，即可去掉芦笋的涩味，还能保持翠绿颜色。

鲜菇粉丝煲

高蛋白 补能

材料 |
杏鲍菇300克，粉丝50克，
香菜1棵。

调料 |
姜末5克，剁椒15克，蒜
末、生抽各10克，香油
适量。

鲜菇粉丝煲是一道简
单又美味的家常菜。杏鲍
菇在剁椒的浸润之下，香
辣鲜美；粉丝有弹性，吸
满了浓浓鲜菇香味，滋味
变得浓郁，端上桌，香气
四溢。

做法 |

1 杏鲍菇洗净，切
薄片。

2 粉丝用温水泡
发；香菜择洗干
净，切段。

3 锅中放油，下蒜
末、姜末、剁椒
炒香。

4 下杏鲍菇片，调
入生抽炒软。

5 放入粉丝，加少
许水，煮至粉丝
软烂，淋香油，
撒香菜段即可
出锅。

厨房小语

剁椒、生抽有咸味，可以
不放盐。

口蘑炒荷兰豆

低脂 高纤

材料 |
荷兰豆300克，红甜椒半个，口蘑4个。

调料 |
盐2克，姜末、蒜末各5克，白糖4克，香油适量。

荷兰豆富含膳食纤维、B族维生素，能促进肠道蠕动，增强人体新陈代谢。口蘑配荷兰豆，新鲜的蔬菜菌菇，简单烹调也很美味。

做法 |

1 荷兰豆去掉头尾和筋，洗净；红甜椒、口蘑洗净后切片。

2 锅中倒油烧热，爆香姜末、蒜末，放入口蘑片炒软。

3 放入荷兰豆和红甜椒翻炒至断生，加盐和白糖调味，出锅前淋香油即可。

厨房小语

荷兰豆买时要挑嫩的、颜色碧绿的，这种荷兰豆炒出来更好吃。

酱汁杏鲍菇

高纤 低脂

材料 |
杏鲍菇2个，红尖椒、青尖椒各1个。

调料 |
蒜末15克，甜面酱、蚝油、白糖各5克，生抽6克，香油适量。

素菜的最高境界，就是比肉还好吃。有一种食材不得不提，那就是杏鲍菇。

酱汁杏鲍菇，是一道简单又快手的家常菜，吃起来嫩而多汁，真的比肉还好吃，关键还低脂低卡，非常下饭。

厨房小语

生抽、蚝油都有咸味，烹调时可以不用加盐。

做法 |

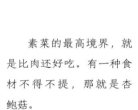

1 杏鲍菇洗净，切圆片后打十字花刀（花刀不要切太深，否则容易断）。

2 红尖椒、青尖椒洗净，切段备用。

3 取一小碗，倒入生抽、蚝油、甜面酱、白糖、少量水，调成味汁。

4 锅中油烧热，下蒜末爆香，放入杏鲍菇片不断翻炒，至杏鲍菇变软。

5 倒入调好的味汁，小火焖煮5分钟左右。

6 收汁时关火，撒入青、红尖椒点缀，淋香油出锅。

干煸平菇

高纤 低脂

材料 |
平菇400克。

调料 |
红尖椒段5克，蒜末15克，
生抽10克，盐2克。

平菇富含B族维生素
和矿物质，适量食用可改
善新陈代谢、增强体质。

干煸平菇当然不能少
了辣椒，平菇里加入辣椒，
有略微的辣味，更下饭。

做法 |

1 平菇洗净，攥干水分，撕成条。

2 炒锅倒油烧热，爆香红尖椒段、蒜末。

3 下平菇条炒至断生，加生抽和盐翻炒均匀即可出锅。

鱼香双耳

高纤 低脂

鱼香双耳，是一道天然朴素的秋日健康素菜。木耳有清涤肠胃的作用，银耳能滋润肌肤、缓解干燥、滋阴润肺。银耳多用来当作甜品，试试咸味菜你会发现，银耳入菜，味道也是极好的。

材料 |
干木耳、干银耳各10克，娃娃菜100克。

调料 |
泡椒碎、姜末、蒜末、蚝油各10克，白糖8克，醋15克，生抽5克，淀粉适量。

做法 |

1 将干木耳与干银耳提前用水泡发，去蒂洗净，撕成小朵；娃娃菜洗净，切片。

2 将蚝油、白糖、醋、生抽、淀粉放入小碗中，搅拌成鱼香味汁待用。

3 木耳与银耳放入沸水中焯烫片刻后捞出，沥干。

4 热锅放油，下入姜末、蒜末与泡椒碎，炒出香味。

5 放入焯烫好的木耳、银耳、娃娃菜片，翻炒约1分钟。

6 倒入先前调好的鱼香味汁，炒匀即可。

厨房小语

1. 泡发木耳时最好不要用沸水，沸水泡发的木耳口感绵软发黏，且同样数量的木耳用温水泡发出来的要比沸水泡发出来的多一些。

2. 在倒入鱼香味汁时要先将其搅拌均匀，以免有沉淀。

其他
松仁玉米

高纤 补能

材料|
玉米粒300克，松子仁80克，胡萝卜、豌豆粒各60克。

调料|
葱末5克，盐3克，白糖8克。

松仁玉米是很受欢迎的一道家常菜，尤其受儿童和女性的青睐。这道菜自己在家做的时候，关键在于调味要简单，有的菜重调味，有的菜则要做减法，这道菜如果再加生抽之类的调料反而会破坏菜肴的鲜美清爽。

做法|

1 玉米粒洗净，备用。

2 胡萝卜洗净，切丁；豌豆洗净；松子仁去皮备用。

3 锅中加清水，放入玉米粒、豌豆煮至八成熟。

4 用中火将炒锅烧至温热，放入松子仁干炒，至略变金黄出香味时盛出。

5 炒锅中倒入油烧热，把葱末煸出香味，放入玉米粒、豌豆、胡萝卜丁翻炒至熟。

6 调入盐和白糖，翻炒均匀，加入松子仁炒匀装盘即可。

厨房小语
松子仁一定要起锅时再加入，才能保持酥脆的口感。

百合小炒

高纤 低脂

材料|
鲜百合3个，西芹、胡萝卜各100克。

调料|
葱末10克，姜末5克，盐2克，香油适量。

百合小炒，百合搭配西芹和胡萝卜，晶莹剔透的百合，翠绿的芹菜，中间夹杂着橘黄色的胡萝卜。清脆爽口，低油低脂，营养丰富，是非常值得尝试的一道家常小炒。

做法|

1 鲜百合切去两端，掰开成小片，在清水里浸泡10分钟（浸泡过的百合更甘甜）。

2 西芹择洗净，斜刀切成菱形片；胡萝卜洗净，切成菱形片。

3 锅烧热后加入油，下入葱末、姜末煸炒出香味，放入西芹、胡萝卜，大火翻炒至断生。

4 百合下入锅中，快速炒至百合透明，调入盐翻炒均匀，淋少许香油即可出锅。

厨房小语

百合易熟，要大火快速翻炒，不宜时间过长。

黄花什锦

减糖 高纤

什锦菜是一道有特色的素菜。而且做法各异，有凉拌什锦，有小炒什锦，什锦菜很营养，也是营养学家提倡的一种健康饮食配伍方案。

黄花什锦，清新爽口，口感层次分明，有一股雨后的清新和宁静。

材料|
干黄花菜15克，干木耳5克，柿子椒、红甜椒各1个，蟹味菇150克。

调料|
葱末10克，盐2克，生抽8克，香油适量。

做法|

1 干黄花菜、干木耳分别泡开。

2 黄花菜洗净，切段；柿子椒、红甜椒洗净，切丝；蟹味菇去根洗净，切段；木耳撕小朵。

3 锅中放油，放入葱末炒香，下蟹味菇炒软。

4 放入黄花菜段、木耳翻炒，放入柿子椒丝、红甜椒丝炒匀。

5 调入盐、生抽翻炒，出锅时淋香油即可。

Part 3

素餐主食

南瓜小米蒸饭

补能 低脂

北方娃大约都记得小米蒸饭吧，在儿时，我极不爱这小米蒸饭，总觉得口感粗糙，难以下咽。南瓜小米蒸饭，是母亲做的小米蒸饭里唯一让我大爱的。糯软的米粒在嘴里散发着谷香，又夹杂着南瓜清甜的味道，有一种清爽的口感。

材料 |
小南瓜1个，小米50克，红枣8枚。

调料 |
蜂蜜适量。

厨房小语
————
小米放入锅中，煮开即可。

做法 |

1 小米、红枣洗净，分别浸泡20分钟。

2 小米放入锅中，加适量清水，煮开即可关火。

3 小南瓜洗净，切开，去瓤。

4 南瓜底部放入大部分红枣。

5 将煮过的小米捞入南瓜中，上面再放上剩余红枣。

6 将南瓜放入蒸锅中，大火蒸30分钟，出锅后淋蜂蜜即可食用。

玉米土豆焖饭

补能 高纤

材料 |
大米200克，土豆半个，玉米1根。

这款美食粗细粮搭配，营养丰富，也可加入其他食材一起焖制，可甜可咸。

做法 |

1 玉米洗净，切块；土豆洗净，去皮，切块。

2 大米淘洗干净，放入电饭锅中。

3 放入玉米块、土豆块，加入适量清水（加水量根据米量而定）。

4 盖上盖，启动"煮饭"键，提示做好即可出锅。

茶香炒饭

补能 高纤

材料 |
米饭1碗,胡萝卜粒、熟豌豆、熟玉米粒、香菇粒各30克,铁观音10克。

调料 |
盐2克。

茶叶的营养包括水溶性和脂溶性两部分,后者不溶于水,不管饮用多少次,始终会残留在茶叶中,只有吃茶才能更好地吸收茶叶的营养。

茶香炒饭,将茶叶当作配料加入炒饭中,送入口中,轻轻嚼,有一股清新雅致的香气回荡,仿佛刚刚水洗过的春天味道,让人欲罢不能。

做法 |

1 铁观音用沸水泡开。

2 滤去茶汁,将茶叶放入油锅中,炸香。

3 炸过的茶叶用刀切碎。

4 锅中留底油,下香菇粒炒出香味,入胡萝卜粒、豌豆、玉米粒翻炒。

5 再倒入米饭、茶叶碎炒匀。

6 调入盐,炒匀即可出锅。

古法苏木枧水粽

枧水粽，顾名思义就是加了枧水的粽子，所说的枧水，即用草木灰加水煮沸浸泡一日，取上清液而得到的碱性溶液，实际就是土制植物碱。如今枧水可以用食用碱自制，也可在网上购买。

苏木是一种中药材，有消肿止痛、活血散风之效。苏木枧水粽，吃时蘸以白糖或蜂蜜，风味绝佳。

材料 |
糯米1000克，枧水50毫升，苏木、粽叶各适量。

做法 |

厨房小语

1. 粽子蘸着红糖或蜂蜜味道无比美味。
2. 自制枧水的比例是：1克碱面加10克水，即10毫升枧水。也可以在网上购买。

1 糯米淘洗干净，加冷水没过糯米，浸泡2小时。

2 锅中加水大火煮开，放入新鲜粽叶煮3~5分钟（干粽叶煮15分钟），煮时用筷子将粽叶完全压入水中。取出煮过的粽叶放入冷水中浸泡，以使其保持绿色。

3 捞出糯米放入竹滗中沥干，倒入枧水，拌匀（糯米会立刻变黄）。

4 苏木切条。

5 取出粽叶，将光滑面向上，从粽叶尖端向后1/3处弯成漏斗状，使漏斗底部封闭。在漏斗中放入糯米，并在糯米中间插入一根苏木条。

6 用米填满，将粽叶多余的部分向前覆盖住米，压紧，用棉线将粽子扎紧。

7 粽子放入锅中，加水没过粽子（如果粽子漂浮在水面，可以用一个盘子将粽子压在水中），大火煮开后转小火煮3小时，关火，闷2小时即可。

面食

芝麻菜青酱意面

补能 高蛋白

芝麻菜又叫火箭生菜，因咀嚼后会散发出浓烈的芝麻香味而得名，其实它和芝麻没一点儿关系。

芝麻菜是个"多面手"：抓几片放沙拉里一拌，烤好的比萨上也可以撒几片，早餐三明治里夹几片……芝麻菜还可以用来做青酱，一般搭配核桃仁，放进密封罐内，做意面的时候用来拌面，别具风味。

材料｜
芝麻菜130克，意大利面200克，生核桃仁、瑞士大孔奶酪各60克，橄榄油70克。

调料｜
蒜30克，海盐、黑胡椒各适量。

做法｜

1 蒜去皮，和生核桃仁平铺在烤盘内，放入烤箱160℃烤10分钟。

2 芝麻菜洗净，沥干备用。

3 瑞士大孔奶酪切成小块。

4 将芝麻菜、部分蒜瓣、核桃仁、瑞士大孔奶酪、橄榄油放入破壁机杯中，完全搅拌均匀，即为芝麻菜青酱。

5 倒出后，撒适量海盐和黑胡椒碎。

6 汤锅内加水，加稍许海盐，放入意大利面大火煮沸，转中火继续煮8分钟。将煮好的意大利面捞出沥干，拌入芝麻菜青酱即可。

素卷饼

补能 低脂

素卷饼是非常不错的一款卷饼，卷饼色泽金黄柔性强，皮酥软香，只需将自己喜爱的蔬菜处理好之后，卷入其中，就可以轻松完成了。用素卷饼搭配白粥，也是简单又美味的一餐。

材料 |
面粉300克，绿生菜、紫生菜各5片，黄瓜1根。

调料 |
盐3克，香菇酱适量。

做法 |

1 面粉中加盐，倒入120克沸水，边倒水边用筷子搅拌面粉，搅拌成雪花状的面片后，倒入60克凉水，再将面粉和成面团，盖上湿布醒发（面粉的吸水量不同，水量自行控制）。

2 绿生菜、紫生菜洗净；黄瓜洗净，切条。

3 取出醒好的面团揉匀，搓成长条，再切成若干份，将切好的面团压扁，再擀开成薄薄的圆形面皮。

4 烧热平底锅，放入面皮，小火烙至面皮变色，即可翻面继续烙至另一面变色。

5 将卷饼皮铺平，抹上香菇酱。

6 依次放上绿生菜、紫生菜、黄瓜条，卷起来即可。

扬州素三丁包子

补能 高纤维

三丁包是扬州的一道独有美食，又称三鲜包子，是淮扬菜中亮眼的一道美食，以鸡丁或猪肉丁、香菇、笋丁等制成，色白如雪，面软中带韧，食不粘牙。

素三丁包子，以笋丁、豆干、香菇为材料，口感丰富，清爽不腻。素馅包子做好了有时候比肉馅的更美味。

材料 |
面粉500克，酵母5克，白糖10克。

调料 |
鲜笋、鲜香菇、豆干各200克，葱末10克，甜面酱、生抽各15克，盐2克，香油适量。

做法 |

1　准备一个大碗里，加入不超过40℃的温水，水中加入酵母和白糖，搅拌均匀，置静约5分钟。

2　将面粉倒入干净的和面盆中，一边倒酵母水一边用筷子搅拌，把面粉搅拌成絮状后，和成柔软的面团。

3　盖上保鲜膜，放在温暖的地方发酵至原来的2倍大，面团里面呈蜂窝状。

4　鲜笋、鲜香菇、豆干洗净，切末。

5　锅中倒油烧热，将葱末炒香，放入鲜笋末、鲜香菇末、豆干末煸炒出香味。

6　加生抽、盐、甜面酱、香油炒匀，即为馅料。

7　将面团取出，放到案板上反复搓揉排气至面团表面光滑。将面团下剂子，擀成包子皮，放入馅料，做成包子生坯。

8　将包子生坯二次发酵，体积增大。

9　包子入蒸锅，蒸20分钟左右关火，闷5分钟左右再打开锅盖，以防包子收缩、塌皮。

厨房小语

蒸包子的时候要冷水上锅，蒸出来的包子会更加暄软。

生煎素包

补能 高纤

掀开锅盖，生煎包的面皮白如凝脂，用铲子取出时，五六个连在一起，生煎包的底部，一半被煎得金黄，热气腾腾的，氤氲着清香。

材料
面粉400克，酵母粉5克。干腐竹、大白菜各100克，鲜香菇1朵，黑芝麻少许。

调料
葱末、料酒各10克，甜面酱15克，五香粉、盐、白糖各3克，香油适量。

做法

1 面粉、酵母粉中加入温水，和成面团，醒20分钟。

2 干腐竹泡软。

3 腐竹、大白菜、鲜香菇洗净切末，放入碗中，加葱末。

4 馅中调入盐、甜面酱、白糖、料酒、五香粉、香油，顺一个方向搅拌均匀。

5 取一块面团揉匀，下剂，擀皮。

6 放入馅料，包成包子。

7 锅中淋少许油，将包子放入锅中。

8 盖上盖煎2分钟，倒入清水，水量略没过包子底。

9 撒少许黑芝麻，再淋入适量油，撒葱末，盖盖焖煎5分钟，底部呈焦黄色时离火即可。

厨房小语

做水煎包馅料不能太湿，面皮也不要太软、太薄，否则受热后会出汤，滋味也就随着汤汁跑掉了。

茴香素饺子

补能 低脂

材料 |
茴香300克，鲜香菇150克，
面粉250克。

调料 |
葱末20克，盐4克，甜面酱
10克，十三香3克，香油
15克。

　　茴香，可以说是北方
饺子界的半壁江山。茴香
属于药食同源的食物，嫩
的时候是蔬菜，老了开花
结的种子叫小茴香，可以
入药。茴香含有的茴香油
能刺激胃肠蠕动，有健
胃、行气的功效，对于胃
寒型胃病有食疗作用。

做法 |

1　面粉倒入盆中，加少许盐，倒入适量水揉成表面稍微光滑
　　的面团，盖盖醒20分钟。

2　鲜香菇去蒂洗净，剁成末。

3　茴香择洗净，沥干水分，切碎，放入碗中，加一勺油（油
　　能将茴香表面封住，可防止茴香馅出汤）。

4　放入香菇末，调入葱末、盐、甜面酱、十三香、香油拌匀，
　　即为茴香馅。

5　将面团下剂，擀成饺子皮，取适量馅放到饺子皮上，把饺
　　子皮捏紧。

6　锅中倒入适量水烧开，放少许盐（放盐可以防止饺子粘
　　连），水开后把饺子逐个放入锅中，轻轻推动，加盖煮；再
　　次煮开后加入冷水煮开，重复2次（不加盖煮），直至饺子
　　煮熟即可。

白茶素馄饨

补能 高纤

材料 |
杏鲍菇300克，白茶10克，
馄饨皮40个，菠菜20克。

调料 |
盐3克，蚝油、香葱末各10
克，香油适量。

虽然白茶不如红茶、
绿茶、乌龙茶那么常见，
但其汤色黄绿清澈，滋味
清淡回甘。白茶富含茶多
酚，是天然的抗氧化剂，
还含有人体所必需的活性
酶，能有效地控制胰岛素
分泌量，可以平稳血糖。

做法 |

1 杏鲍菇洗净，切末；菠菜洗净，焯水。

2 白茶用沸水泡开。

3 将茶叶过滤出来，切末，放入杏鲍菇
末中，放入香葱末。

4 调入盐、蚝油、香油拌匀。

5 取馄饨皮，放入馅料。斜对角折合，
再对角折合。

6 锅中放入茶汁，加适量清水，水开后
下入包好的馄饨，煮熟后放入少许菠
菜，调入盐即可。

厨房小语

白茶味清香，不可用味重
的调料调味。

Part 4

温润汤羹

咸口

芙蓉山药羹

高蛋白 高纤

芙蓉山药羹没有放肉，营养价值却一点也不低。山药口味甘甜，性质滋润平和，对人体有滋养补益作用。口蘑能够增香，再搭配鸡蛋，营养就很全面了。

材料 |

山药150克， 胡萝卜半根， 口蘑3个，小油菜40克， 鸡蛋2个。

调料 |

盐2克，白糖5克，香油适量。

做法 |

1 山药洗净，去皮，切成小块，倒入料理机内，加入20克水，搅打成山药糊。

2 胡萝卜洗净，去皮，切丁；小油菜择洗净，切丁；口蘑洗净，切丁。

3 锅中加油烧热，放入胡萝卜丁、口蘑丁翻炒出香味。

4 放入适量清水，大火煮沸，放入山药糊，不断搅拌。

5 鸡蛋打散后，缓缓倒入锅中，搅拌成蛋花。

6 放入小油菜丁煮沸，加入盐、白糖调味，淋香油出锅即可。

豆花羹

減糖 低脂

豆花羹，一道既营养又美味的家常汤羹，清热降火。简单的食材，简单的做法，嫩而不松，卤清而不淡，香气扑鼻，挑逗你的味蕾神经。

材料｜

内酯豆腐1盒，干木耳5克，干黄花菜10克，鲜香菇2朵。

调料｜

大料1个，盐2克，生抽10克，水淀粉15克，香油适量。

做法｜

1 干木耳泡发，洗净，撕成小朵；干黄花菜泡开，切段。

2 鲜香菇洗净，去蒂，切片。

3 内酯豆腐从盒中取出，切片。

4 锅中放油，烧热后放入大料炸香，下香菇片炒软。

5 再放入木耳、黄花菜段炒匀。

6 调入生抽、盐，加适量清水煮1分钟。

7 放入豆腐片，再煮2分钟。

8 倒入水淀粉，煮开关火，加入香油即可。

厨房小语

大料不可少，煮出来很有味道。

金针菇木耳酸辣汤

减糖 低脂

材料

干木耳5克，鲜香菇3朵，干黄花菜10克，金针菇30克。

调料

葱末3克，盐、香油各2克，黑胡椒粉5克，生抽、醋各10克，水淀粉适量，香菜段少许。

天气寒冷时，或者在没有食欲时，喝一碗热乎乎的酸辣汤，鲜香可口、开胃暖心，透着那么一股子直冲脑门的舒爽劲儿。

做法

1 干木耳、黄花菜泡发后洗净，木耳切丝、黄花菜切段；鲜香菇洗净，切丝。

2 金针菇去根，洗净。

3 锅中放入油烧热，放葱末爆香，下木耳、香菇、黄花菜翻炒。

4 加入水烧开，放入金针菇煮熟。

5 加入盐、醋、香油、生抽煮开，用水淀粉勾芡，加入黑胡椒粉，撒香菜段即可（酸辣汤的辣来自胡椒粉，可根据自己的接受度调节用量）。

青瓜紫菜素汤

低脂 减糖

材料 |
干紫菜10克，黄瓜（青瓜）200克。

调料 |
姜丝、盐各2克，香油适量。

黄瓜为一种常见的瓜类蔬菜，又名青瓜，含有多种重要的矿物质和维生素。紫菜富含碘、铁等矿物质。黄瓜配以清热利水、补肾养心的紫菜做汤，虽有滑腻的浓汤口感，却不腻。

做法 |

1 黄瓜洗净切片；干紫菜泡开。

2 锅中加清水，放入姜丝煮开。

3 放入紫菜、黄瓜片，煮1分钟。

4 调入盐、香油即可。

意式西葫番茄汤

高纤 补能

意式西葫番茄汤，是一道家常的意式蔬菜汤，番茄既是蔬菜也是水果，富含番茄红素，具有抗氧化性，搭配西葫芦，有利于促进肠道蠕动，加速新陈代谢。

材料 |

西葫芦100克， 番茄、 土豆各1个。

调料 |

淡奶油30克，番茄酱15克，盐2克，鲜百里香3克，橄榄油10克，胡椒粉适量。

厨房小语
———
淡奶油可用鲜牛奶代替，鲜百里香可用干的或者不放。

做法 |

1 番茄洗净，去皮，放入料理机打成汁。

2 土豆洗净，去皮，切丁；西葫芦洗净，切小丁。

3 锅中倒入橄榄油，放入番茄酱炒出红油。

4 倒入番茄汁，放百里香煮2分钟，倒入淡奶油煮1分钟。

5 加入盐、胡椒粉调味，将汤倒入汤碗中。

6 锅中放入橄榄油，下西葫芦丁、土豆丁煸炒至熟，盛入汤碗中即可。

西式南瓜浓汤

高纤 补能

西式南瓜浓汤以南瓜为主料，辅以土豆、玉米粒等配菜，制成口感浓郁的西式汤，保持了其鲜香营养的特质。玉米粒、南瓜、土豆营养丰富，这样一道好吃、营养又充满浓香的汤，在端上餐桌的一刹那，定能博得众人喝彩。

材料 |
南瓜150克，土豆100克，面粉、玉米粒各50克，牛奶250克。

调料 |
橄榄油20克，盐3克，黑胡椒粉少许。

做法 |

1 南瓜、土豆去皮，切片；玉米粒洗净。

2 锅中放入橄榄油，倒入南瓜片、土豆片、玉米粒炒软后，盛出。

3 锅中倒入少许橄榄油，放入面粉炒至微黄。

4 倒入牛奶和适量清水煮开。

5 再放入炒熟的玉米粒、南瓜片、土豆片煮熟。

6 将煮好的玉米南瓜土豆汤放入料理机中，调入盐、黑胡椒粉，搅打好，稍凉，倒入碗内即可（可配面包丁、番茄丁，并用香菜段装饰）。

甜口

———×———

166

乌梅三豆汤是在三豆饮的基础上加了一味乌梅，三豆饮是中医鼻祖扁鹊开具的知名药方，在中国已经流传了几千年。乌梅三豆汤，喝起来像酸梅汤，总是让人感觉漂浮着古早的味道，味浓而酽，甜酸适度，含在嘴里如品纯醪，似甘露沁心一般。

材料 |
红豆、黑豆、绿豆各30克，乌梅40克。

调料 |
冰糖适量。

做法 |

1 红豆、黑豆、绿豆淘洗干净，泡2~4小时。

2 砂锅中放入红豆、黑豆、绿豆，加适量清水。

3 再放入乌梅。

4 大火烧开，转小火煮至豆子软烂，放入冰糖煮化即可。

厨房小语

红豆也可换成黄豆。

茶香莲子羹

高纤 低脂

材料 |
干银耳10克， 莲子30克，
绿茶5克。

调料 |
冰糖适量。

莲子是荷的果实，素
有"莲参"之称。其味甘
性温，"禀清芳之气，得
稼穑之味，乃脾之果也"。

茶香莲子羹主要材料
有莲子、银耳，配以绿
茶，羹浓味甜，润肺养
胃，伴有怡人的茶香。

做法 |

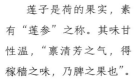  

1 干银耳泡发，去除黄蒂，切碎。

2 用清水泡软莲子。

3 绿茶放入茶杯中，加沸水冲泡。

4 把银耳放入锅中，加水大火先煮30
　分钟后，放入莲子继续煮30分钟。

5 倒入冲泡出的茶汁，放入适量冰糖煮
　开即可。

厨房小语

冰糖也可换成蜂蜜或白糖。

桂花酒酿水果捞

高纤 补能

材料 |
火龙果、甜瓜、杨桃、苹果各半个，酒酿（醪糟）200克，干桂花5克。

调料 |
糖桂花适量。

水果捞，就是将各色水果、酸奶、冰沙、冰激凌、干果仁等组合、搅拌，用小勺"捞"起来吃才过瘾，故而得名。

加入了桂花、酒酿的水果捞，口味滑爽，营养丰富，没有胃口的时候，来一碗清新爽口的水果捞，色彩缤纷的水果粒，由表及里透着大自然的清纯和健康的本质，最是沁人心脾。

厨房小语

1. 煮水果时，先放不易软烂的，而火龙果等较软糯的食材要最后放。

2. 没有糖桂花，可用蜂蜜、冰糖代替。

做法 |

1 火龙果、甜瓜、杨桃、苹果洗净，去皮，切丁。

2 锅中加适量清水，放入甜瓜丁、杨桃丁、苹果丁。

3 放干桂花煮开。

4 放入酒酿再煮5分钟。

5 最后放入火龙果丁煮开，调入糖桂花即可。

香芒紫米甜汤

当芒果的清香与紫米的厚重碰撞，是一种很干净的香。细细地嚼，慢慢地品，又好像有一种山间早春的日晒风露之气，素淡怡人。

材料 |
芒果1个，紫米50克。

调料 |
淡奶油（或炼乳）
适量。

做法 |

厨房小语

1. 水应一次加足，甜汤的中途不宜再加水，会影响口感。
2. 如不喜炼乳或淡奶油，也可选用椰浆，味道更加香滑。

1 芒果洗净，用刀贴着芒果核切入，将芒果两侧的果肉切下，接着用刀在果肉上划出1厘米大小的网状小格，再将芒果核外圈的果皮削掉待用。

2 贴着芒果皮将果肉片下，呈小丁状。

3 紫米洗净，浸泡4小时。

4 锅中放入适量沸水和芒果核，大火烧沸后续煮5分钟。

5 芒果核捞出不用，放入紫米，大火煮开，用小火慢慢熬煮40分钟（中间要多次搅拌，以免粘锅），至紫米完全软烂黏稠。

6 将甜汤盛入小碗中，淋入淡奶油或炼乳，在上面撒入芒果小丁即可。

Part 5

轻食沙拉

藜麦沙拉

高纤 减糖

藜麦被称为"神奇谷物""营养黄金",其蛋白质含量与牛肉相当,是非常健康的食材。做沙拉时,蔬果搭配上谷物粮杂,美味又营养。

材料 |
藜麦、 红菊苣、 芝麻菜各30克, 羽衣甘蓝100克, 贝贝南瓜、 牛油果各1个。

调料 |
意大利黑醋15克,红葡萄酒、橄榄油各10克,盐1克,白糖3克,柠檬汁、黑胡椒碎各适量。

做法 |

1 意大利黑醋、红葡萄酒、橄榄油、盐、白糖、黑胡椒碎放入碗中,挤上柠檬汁,调成料汁。

2 贝贝南瓜切片,和羽衣甘蓝一起放烤盘中,淋上橄榄油,撒黑胡椒粉,放入 200℃烤箱,烤 10 分钟左右。

3 藜麦煮熟,捞出控干。

4 红菊苣、芝麻菜洗净,放入沙拉碗中,再放入藜麦、羽衣甘蓝、贝贝南瓜及切成片的牛油果,调入料汁拌匀即可。

红菊苣沙拉

高纤

低脂低卡沙拉酱有吗？应该就是油醋汁。

用橄榄油作为基础，油和醋按3:1混合，并加入少许盐和黑胡椒，还要加点儿芥末，因为水和油不相容，只有加了芥末，看起来才更像酱汁，这便是最为传统的意大利油醋汁。没有黑醋也可以用果醋等代替。

油醋汁最大的特点就是低热量，而且百搭，无论何种沙拉，都可以搭配油醋汁。

材料 |
红菊苣、 牛油果各1个， 橙子2个。

调料 |
苹果醋20克，蜂蜜5克，橙皮碎10克，鲜奶油30克，黑胡椒粉2克，百里香适量。

做法 |

1 红菊苣掰开，洗净后放入碗中。

2 橙子去皮、去子，放入碗中；牛油果去皮、切片，放入碗中。

3 调料碗中放入苹果醋和蜂蜜，挤入半个橙子汁，加入黑胡椒粉调匀即为料汁。

4 将料汁倒入蔬菜中。

5 放入鲜奶油拌匀，撒上百里香即可。

厨房小语

没有百里香可以不加，鲜奶油可用酸奶代替。

什锦蔬菜沙拉

高纤 减糖

蔬菜沙拉是一种非常健康的饮食。首先它不必加热，这样会最大限度地保持蔬菜中的营养。并且它的饱腹感强，不管是减肥期间或运动后食用，都能为身体补充营养。

材料 |

绿叶生菜、紫叶生菜各1棵，黄、绿圣女果，小水萝卜各3个，香椿苗、水果胡萝卜各30克，柠檬半个。

调料 |

橄榄油5克，红葡萄酒醋20克，海盐2克，白糖3克，现磨黑胡椒适量。

厨房小语

没有红葡萄酒醋，可用苹果醋代替。

做法 |

1 橄榄油、红葡萄酒醋、海盐、白糖放入碗中，挤入柠檬汁调成料汁。

2 黄、绿圣女果，小水萝卜，水果胡萝卜洗净切片，放入碗中。

3 绿叶生菜、紫叶生菜洗净切段，香椿苗洗净，一起放入碗中。

4 倒入料汁，撒上现磨黑胡椒，拌匀即可。

玉米番茄沙拉

高纤 低脂

材料 |

糯玉米1根，红圣女果10
个，黄圣女果4个，紫苏叶
5片，柠檬半个。

调料 |

橄榄油5克，苹果醋15克，
蜂蜜10克，盐1克，黑胡椒
碎3克，百里香2克。

玉米粒番茄沙拉用的
是苹果醋、橄榄油和黑胡
椒碎来调味，原本以为会
有些寡淡，结果味道很好。
橄榄油突出了材料原本的
味道，偶尔吃到一粒粒的
黑胡椒碎，那味道相当
惊艳。

做法 |

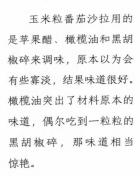

1

2

3

4

5

1 红黄圣女果、紫苏叶分别洗净。

2 糯玉米剥粒，放入锅中煮熟，捞出沥
干水分。

3 玉米粒放入碗中，加入切块的红黄圣
女果和切丝的紫苏叶。

4 调料碗中倒入苹果醋、橄榄油、蜂蜜、
盐、黑胡椒碎，调成料汁。

5 将调好的料汁放入菜中，挤上半个柠
檬汁，撒上百里香拌匀即可。

厨房小语

沙拉中用的是糯玉米，也
可以用水果玉米、甜玉米，
可依据自己的喜好选择。

玉米笋沙拉

低脂

材料 |
芦笋200克，黄圣女果5个，小水萝卜3个，玉米笋6根，香椿苗15克。

调料 |
法式黄芥末酱10克，意大利黑醋15克，橄榄油3克，蜂蜜5克，盐2克。

玉米笋是甜玉米细小幼嫩的果穗，去掉苞叶及发丝，切掉穗梗，即为玉米笋。玉米笋营养丰富，与芦笋搭配，拥有了爽脆的口感。值得一提的是，许多西餐的前菜都会用到芦笋。

做法 |

1 盐、蜂蜜、法式黄芥末酱、意大利黑醋、橄榄油放入调料碗中搅拌。

2 倒入小瓶中，摇晃至乳化成酱汁。

3 沸水加少许油和盐，将芦笋、玉米笋焯烫2分钟，沥水冷却。

4 黄圣女果、小水萝卜洗净，切片；香椿苗洗净。

5 芦笋、玉米笋切段，放入碗中。

6 黄圣女果、小水萝卜片、香椿苗放入碗中，加入酱汁拌匀即可。

泰式木瓜沙拉

减糖 高纤

青木瓜是指未成熟的番木瓜。番木瓜富含多种维生素、钙、钾等营养素。青木瓜中的木瓜酶含量丰富，有助于消化、促进代谢。

材料 |
青木瓜、青柠檬各半个，圣女果3个，熟花生碎20克，豇豆2根，香菜3根。

调料 |
鱼露20克，蒜3瓣，小米椒2个，红糖或椰糖3克。

做法 |

1 石臼中放入去皮的蒜、小米椒，捣成泥状。

2 挤入半个青柠檬汁。

3 加入鱼露、红糖或椰糖调成料汁（鱼露有咸味，不用放盐）。

4 青木瓜去皮，切开，去子刨丝，泡入冰水中。

5 豇豆洗净切段，放入沸水中焯熟，捞出。

6 香菜择洗净，切段；圣女果洗净，切块。

7 豇豆段、香菜段、圣女果块、青木瓜丝放入碗中，放入熟花生碎，倒入料汁拌匀即可。

银耳沙拉

减糖 高纤

银耳沙拉是一款清爽的沙拉，材料简单，做法更简单。银耳滑嫩软糯，搭配酸甜可口的柠檬醋汁，一勺入口，吃出健康好气色。

材料 |

有机鲜银耳1朵，红甜椒、黄甜椒各1个，秋葵4根，混合坚果15克，柠檬半个。

调料 |

朝天椒2个，蒜末8克，鱼露10克，白糖5克。

做法 |

1 朝天椒切末，与蒜末一同放入调料碗中，加入鱼露、白糖，挤上半个柠檬汁，调成料汁。

2 秋葵焯熟，捞出，沥干水分。

3 鲜银耳洗净，去蒂，放入锅中煮熟。

4 鲜银耳放入沙拉碗中；秋葵、红甜椒、黄甜椒分别切丝，放入碗中。

5 调入料汁，撒上坚果碎拌匀即可。

芒果蔬菜沙拉

低脂 高钙

芒果蔬菜沙拉用的是酸奶沙拉酱，这款沙拉酱专为生酮人士准备，简单易做，还很好吃。

一大碗色彩缤纷、充满果香的蔬果沙拉，真是营养好来源，特别是经过调味的芒果，吃起来感觉更甜了。

材料 |

芒果1个， 黄瓜1根，芝麻菜50克，小水萝卜4个，柠檬半个。

调料 |

酸奶150克，橄榄油、白糖各5克，盐1克，黑胡椒粉3克。

做法 |

1 黄瓜、小水萝卜洗净后切片，芝麻菜洗净，一起放入沙拉碗中。

2 大碗中加入酸奶、橄榄油、盐和白糖，挤入柠檬汁，撒黑胡椒粉调成酸奶沙拉酱。

3 将酸奶沙拉酱调入沙拉碗中拌匀。

4 大芒果去皮、去核，切片。

5 将芒果片围成一个圈。

6 将调好的沙拉菜放入中间，淋上酸奶酱即可食用。

厨房小语

芒果也可以切片或切丁后与蔬菜拌在一起吃。

柿干苹果沙拉

高纤　补能

柿饼苹果沙拉，尽极简主义之能事，每种味道绝不喧宾夺主，各自保留天然本味。

材料 |
柿饼3个，苹果、红皮萝卜各1个，混合干果20克。
调料 |
苹果醋20克，橄榄油3克，白兰地5克，盐1克，黑胡椒、瑞士大孔奶酪各适量。

做法 |

1　柿饼洗净，切块；红皮萝卜洗净，切片。

2　苹果去皮、去核，切片，泡入淡盐水中，防止氧化。

3　苹果醋、橄榄油、白兰地、盐放入调料碗中，磨入黑胡椒调匀即为料汁。

4　柿饼片、苹果片、红皮萝卜片、混合干果放入碗中。

5　碗中擦入瑞士大孔奶酪。

6　倒入料汁，拌匀即可。

厨房小语

没有瑞士大孔奶酪可以不放。

蓝纹奶酪沙拉

蓝纹奶酪，是所有奶酪中最"臭"名昭著的，在绿霉菌的作用下形成了大理石花纹般的蓝绿色纹路，质地柔软，辛香、浓烈、刺激，口感偏咸，别看它臭就嫌弃人家，做成沙拉或者奶酪酱汁，都是不错的选择。

材料 |
红甜椒半个，　红、黄圣女果各3个，　罗马生菜1棵。

调料 |
酸奶150克，蓝纹奶酪30克，橄榄油5克，朗姆酒10克，黑胡椒粉、盐各1克。

做法 |

1 红甜椒洗净，切丝；圣女果洗净，切块；罗马生菜洗净，切段。

2 酸奶中加入橄榄油、盐、黑胡椒粉，调入朗姆酒。

3 放入蓝纹奶酪，搅拌至顺滑，制成奶酪调味汁。

4 将所有材料混合均匀，加入奶酪调味汁，拌匀即可。

凯撒沙拉

补能 高蛋白

材料

熟鸡蛋1个，罗马生菜1棵，芝麻菜30克，面包200克，小水萝卜3个。

调料

芥末酱、蛋黄酱各15克，海盐1克，黑胡椒粉3克，柠檬1个，帕玛森干酪10克，酸奶30克，橄榄油5克。

凯撒沙拉是世界上非常有名的沙拉，被誉为"沙拉之王"。看上去简单，仿佛只有一些罗马生菜和面包丁，最重要的是自己做凯撒酱，蛋黄加橄榄油、柠檬汁制成的酱汁，加入帕玛森干酪，最后撒上面包丁，创造出这道经典的凯撒沙拉。酒店里的主厨也会添加鸡胸肉、培根等，调配出不同风味。

厨房小语

1. 芥末的选择可以是美式黄芥末，法式第戎芥末或者颗粒芥末酱。

2. 蛋黄酱的分量可以自己调节，可以不要，也别有一番风味。

做法

1 将面包切块，倒入橄榄油拌匀，烤箱180℃烤8分钟左右（也可放入平底锅煎至金黄）。

2 罗马生菜和芝麻菜浸在冰水里，保持口感的清脆。

3 调料碗中放入芥末酱和蛋黄酱，挤入柠檬汁。

4 倒入橄榄油、海盐、酸奶和黑胡椒粉，搅拌均匀。

5 将帕玛森干酪用刮皮器刮成奶酪片。

6 生菜片和芝麻菜放入沙拉碗中，小水萝卜切片放入碗中，撒上面包丁、帕玛森干酪片、熟鸡蛋，调入酱汁拌匀即可。